微课堂学电脑

Dreamweaver CC 中文版网页设计与制作

文杰书院　编著

U0377721

清华大学出版社

北　京

内 容 简 介

  Dreamweaver CC 是一款集网页制作和网站管理于一身的网页编辑器，是针对专业网页设计师特别开发的视觉化网页开发工具。本书以通俗易懂的语言、翔实生动的操作案例、精挑细选的使用技巧，指导初学者快速掌握 Dreamweaver CC 中文版的基础知识与操作方法。本书的主要内容包括网页制作基础入门、Dreamweaver CC 基础知识、创建与管理站点、编辑网页文本、在网页中应用图像与多媒体、超链接、使用表格布局页面、应用 CSS 样式美化网页、应用 Div+CSS 布局网页、使用模板和库创建网页、使用表单、使用行为创建动态效果、制作 jQuery Mobile 页面以及站点的发布与推广等。全书结构清晰、图文并茂，以实战演练的方式介绍知识点，让读者一看就懂。

  本书面向学习该软件的初、中级用户，适合无基础又想快速掌握 Dreamweaver CC 入门操作的读者，同时对有经验的 Dreamweaver CC 使用者也有很高的参考价值，还可以作为高等院校专业课教材和社会培训机构平面设计培训教材。

图书在版编目(CIP)数据

Dreamweaver CC 中文版网页设计与制作/文杰书院编著. —北京：清华大学出版社，2017

(微课堂学电脑)

ISBN 978-7-302-46843-1

Ⅰ. ①D⋯　Ⅱ. ①文⋯　Ⅲ. ①网页制作工具　Ⅳ. ①TP393.092.2

中国版本图书馆 CIP 数据核字(2017)第 064230 号

责任编辑：魏　莹　李玉萍
封面设计：杨玉兰
责任校对：张彦彬
责任印制：杨　艳

出版发行：清华大学出版社
   网　　　址：http://www.tup.com.cn, http://www.wqbook.com
   地　　　址：北京清华大学学研大厦 A 座　　　　邮　　编：100084
   社 总 机：010-62770175　　　　　　　　　　邮　　购：010-62786544
   投稿与读者服务：010-62776969, c-service@tup.tsinghua.edu.cn
   质 量 反 馈：010-62772015, zhiliang@tup.tsinghua.edu.cn
印　刷　者：北京富博印刷有限公司
装　订　者：北京市密云县京文制本装订厂
经　　　销：全国新华书店
开　　　本：185mm×260mm　　印　张：17　　字　数：413 千字
版　　　次：2017 年 7 月第 1 版　　　　　　印　次：2017 年 7 月第 1 次印刷
印　　　数：1～3000
定　　　价：49.00 元

产品编号：067772-01

致读者

"微课堂学电脑"系列丛书立足于"全新的阅读与学习体验",整合电脑和手机同步视频课程推送功能,提供了全程学习与工作技术指导服务,汲取了同类图书作品的成功经验,帮助读者从图书开始学习基础知识,进而通过微信公众号和互联网站进一步深入学习与提高。

我们力争打造一个线上和线下互动交流的立体化学习模式,为您量身定做一套完美的学习方案,为您奉上一道丰盛的学习盛宴!创造一个全方位多媒体互动的全景学习模式,是我们一直以来的心愿,也是我们不懈追求的动力,愿我们为您奉献的图书和视频课程可以成为您步入神奇电脑世界的钥匙,并祝您在最短时间内能够学有所成、学以致用。

▶▶ 这是一本与众不同的书

"微课堂学电脑"系列丛书汇聚作者 20 年技术之精华,是读者学习电脑知识的新起点,是您迈向成功的第一步!本系列丛书涵盖电脑应用各个领域,为各类初、中级读者提供全面的学习与交流平台,适合学习计算机操作的初、中级读者,也可作为大中专院校、各类电脑培训班的教材。热切希望通过我们的努力能满足读者的需求,不断提高我们的服务水平,进而达到与读者共同学习、共同提高的目的。

- ➤ 全新的阅读模式:看起来不累,学起来不烦琐,用起来更简单。
- ➤ 进阶式学习体验:基础知识+专题课堂+实践经验与技巧+有问必答。
- ➤ 多样化学习方式:看书学、上网学、用手机自学。
- ➤ 全方位技术指导:PC 网站+手机网站+微信公众号+QQ 群交流。
- ➤ 多元化知识拓展:免费赠送配套视频教学课程、素材文件、PPT 课件。
- ➤ 一站式 VIP 服务:在官方网站免费学习各类技术文章和更多的视频课程。

▶▶ 全新的阅读与学习体验

我们秉承"打造最优秀的图书、制作最优秀的电脑学习软件、提供最完善的学习与工作指导"的原则,在本系列图书编写过程中,聘请电脑操作与教学经验丰富的老师和来自工作一线的技术骨干倾力合作编著,为您系统化地学习和掌握相关知识与技术奠定扎实的基础。

致读者

1. 循序渐进的高效学习模式

本套图书特别注重读者学习习惯和实践工作应用，针对图书的内容与知识点，设计了更加贴近读者学习的教学模式，采用"基础知识学习+专题课堂+实践经验与技巧+有问必答"的教学模式，帮助读者从初步了解到掌握到实践应用，循序渐进地成为电脑应用高手与行业精英。

2. 简洁明了的教学体例

为便于读者学习和阅读本书，我们聘请专业的图书排版与设计师，根据读者的阅读习惯，精心设计了赏心悦目的版式，全书图案精美、布局美观。在编写图书的过程中，注重内容起点低、操作上手快、讲解言简意赅，读者不需要复杂的思考，即可快速掌握所学的知识与内容。同时针对知识点及各个知识板块的衔接，科学地划分章节，知识点分布由浅入深，符合读者循序渐进与逐步提高的学习习惯，从而使学习达到事半功倍的效果。

（1）本章要点：以言简意赅的语言，清晰地表述了本章即将介绍的知识点，读者可以有目的地学习与掌握相关知识。

（2）基础知识：主要讲解本章的基础知识、应用案例和具体知识点。读者可以在大量的实践案例练习中，不断提高操作技能和经验。

（3）专题课堂：对于软件功能和实际操作应用比较复杂的知识，或者难于理解的内容，进行更为详尽的讲解，帮助读者拓展、提高与掌握更多的技巧。

（4）实践经验与技巧：主要介绍的内容为与本章内容相关的实践操作经验及技巧，读者通过学习，可以不断提高自己的实践操作能力和水平。

（5）有问必答：主要介绍与本章内容相关的一些知识点，并对具体操作过程中可能遇到的常见问题给予必要的解答。

▷▷ 图书产品和读者对象

"微课堂学电脑"系列丛书涵盖电脑应用各个领域，为各类初、中级读者提供了全面的学习与交流平台，帮助读者轻松实现对电脑技能的了解、掌握和提高。本系列图书本次共计出版14个分册，具体书目如下：

- ➤ 《Adobe Audition CS6 音频编辑入门与应用》
- ➤ 《计算机组装·维护与故障排除》
- ➤ 《After Effects CC 入门与应用》
- ➤ 《Premiere CC 视频编辑入门与应用》

> 《Flash CC 中文版动画设计与制作》

> 《Excel 2013 电子表格处理》

> 《Excel 2013 公式·函数与数据分析》

> 《Dreamweaver CC 中文版网页设计与制作》

> 《AutoCAD 2016 中文版入门与应用》

> 《电脑入门与应用(Windows 7+Office 2013 版)》

> 《Photoshop CC 中文版图像处理》

> 《Word·Excel·PowerPoint 2013 三合一高效办公应用》

> 《淘宝开店·装修·管理与推广》

> 《计算机常用工具软件入门与应用》

▶▶ 完善的售后服务与技术支持

为了帮助您顺利学习、高效就业，如果您在学习与工作中遇到疑难问题，欢迎来信与我们及时交流与沟通，我们将全程免费答疑。希望我们的工作能够让您更加满意，希望我们的指导能够为您带来更大的收获，希望我们可以成为志同道合的朋友！

1. 关注微信公众号——获取免费视频教学课程

读者关注微信公众号"文杰书院"，不但可以学习最新的知识和技巧，同时还能获得免费网上专业课程学习的机会，可以下载书中所有配套的视频资源。

获得免费视频课程的具体方法为：扫描右侧二维码关注"文杰书院"公众号，同时在本书前言末页找到本书唯一识别码，例如 2016017，然后将此识别码输入到官方微信公众号下面的留言栏并点击【发送】按钮，读者可以根据自动回复提示地址下载本书的配套教学视频课程资源。

2. 访问作者网站——购书读者免费专享服务

我们为读者准备了与本书相关的配套视频课程、学习素材、PPT 课件资源和在线学习资源，敬请访问作者官方网站"文杰书院"免费获取，网址：http://www.itbook.net.cn。

扫描右侧二维码访问作者网站，除可以获得本书配套视频资源以外，还能获得更多的网上免费视频教学课程，以及免费提供的各类技术文章，让读者能汲取来自行业精英的经验分享，获得全程一站式贵宾服务。

致读者

3. 互动交流方式——实时在线技术支持服务

为方便学习，如果您在使用本书时遇到问题，可以通过以下方式与我们取得联系。

QQ 号码：18523650

读者服务 QQ 群号：185118229 和 128780298

电子邮箱：itmingjian@163.com

文杰书院网站：www.itbook.net.cn

最后，感谢您对本系列图书的支持，我们将再接再厉，努力为读者奉献更加优秀的图书。衷心地祝愿您能早日成为电脑高手！

编　者

前言

　　Dreamweaver CC 主要用于 Web 应用程序的设计、编码和开发，利用它可以轻而易举地制作出跨越平台限制、充满动感的网页。其功能强大、易学易用，深受网页制作爱好者和网页设计师的喜爱，目前已经成为这一领域最流行的软件之一。为帮助读者快速掌握与应用 Dreamweaver CC 软件，以便在工作中学以致用，我们编写了本书。

　　本书为读者快速入门 Dreamweaver CC 提供了一个崭新的学习和实践平台，无论从基础知识的安排还是应用能力的训练，都充分地考虑了用户的需求，可以快速达到理论知识与应用能力的同步提高。本书在编写过程中，根据计算机初学者的学习习惯，采用由浅入深、由易到难的方式讲解。全书结构清晰、内容丰富，主要内容包括以下 4 个方面。

1. 基础入门

　　第 1~2 章介绍关于 Dreamweaver CC 的一些基础知识，包括网页的基本要素、网页中的色彩特性以及 Dreamweaver CC 的工作环境等内容。

2. 网页设计与制作

　　第 3~7 章主要介绍网页设计与制作的内容，包括创建与管理站点、在网页中编排文本、使用图像与多媒体丰富网页内容、网页超链接的应用和使用表格布局页面的方法与技巧。

3. CSS 样式布局页面

　　第 8~9 章主要讲解利用样式布局页面，包括认识 CSS 样式表、创建 CSS 样式表、将 CSS 应用到网页、应用 Div+CSS 灵活布局网页和 CSS 布局方式等内容。

4. 动态网页设计

　　第 10~14 章全面讲解动态网页设计方面的知识，包括利用模板和库创建网页、使用表单、使用行为创建动态效果、制作 jQuery Mobile 页面以及站点的发布和推广方面的知识。

　　本书由文杰书院组织编写，参与本书编写的有李军、罗子超、袁帅、文雪、肖微微、李强、高桂华、蔺丹、张艳玲、李统财、安国英、贾亚军、蔺影、李伟、冯臣、宋艳辉等。

　　为方便学习，读者可以访问网站 http://www.itbook.net.cn 获得更多学习资源，如果您在使用本书时遇到问题，可以加入 QQ 群 128780298 或 185118229，也可以发邮件至 itmingjian@163.com 与我们交流和沟通。

　　为了方便读者快速获取本书的配套视频教学课程、学习素材、PPT 教学课件和在线学习资源，读者可以在文杰书院网站中搜索本书书名，或者扫描右侧的二维码，在打开的本书技术服务支持网页中，选择相关的配套学习资源。

　　我们提供了本书配套学习素材和视频课程，请关注微信公众号"文杰书院"免费获取。读者还可以订阅 QQ 部落"文杰书院"进一步学习与提高。

　　我们真切希望读者在阅读本书之后，可以开阔视野，增长实践操作技能，并从中学习和总结操作的经验和规律，达到灵活运用的水平。鉴于编者水平有限，书中疏漏和考虑不周之处在所难免，热忱欢迎读者予以批评、指正，以便我们编写更好的图书。

编　者

2016008

目录

目录

第1章

网页制作基础入门

本章要点

❖ 认识网页

❖ 网站制作的基本流程

❖ 网页制作常用软件

❖ 专题课堂——网页色彩

本章主要内容

　　本章主要介绍认识网页、网站制作的基本流程、网页制作常用软件、网页色彩方面的知识与技巧，在本章的最后还针对实际的工作需求，讲解了网页编辑器和屏幕分辨率方面的知识。通过本章的学习，读者可以掌握 Dreamweaver CC 基础入门方面的知识，为深入学习 Dreamweaver CC 知识奠定基础。

Dreamweaver CC 中文版网页设计与制作

导读　　网页是构成网站的基本元素，也是网站信息发布的一种最常见的表现形式，主要由文字、图片、动画、音频、视频等内容组成。在学习制作网页之前，首先要了解网页的基础知识。

1.1.1　网页的基本要素

微课堂
00 分 09 秒

网页的基本要素包括 Logo、Banner、导航栏、文本、图像、Flash 动画等，下面详细介绍每个要素的相关知识。

1　Logo　　>>>

Logo 是代表企业形象或栏目内容的标志性图片，一般位于网页的左上角，通常有 3 种尺寸：88 像素×31 像素、120 像素×60 像素和 120 像素×9 像素。

Logo 是一个站点的象征，也是一个站点是否正规的标志之一。好的 Logo 应能体现该网站的特色、内容及其内在的文化内涵和理念，有着独特的形象标识，并在网站推广和宣传中可以起到事半功倍的效果，如图 1-1 和图 1-2 所示。

图 1-1

图 1-2

2　Banner　　>>>

Banner 是一种网络广告形式，是用于宣传网站内某个栏目或活动的广告，一般要求制作成动画形式。动画能够吸引更多的注意力，在用户浏览网页信息的同时将介绍性的内容简练地加在其中，吸引用户对于广告信息的关注，达到宣传的效果。

Banner 一般位于网页的顶部或底部，有一些小型的广告还会被适当地放在网页的两侧。网站 Banner 广告有多种规格和形式，其中最常用的尺寸是 480 像素×60 像素或 233 像素×30 像素的标准广告，这种标准广告有多种不同的称呼，如横幅广告、全幅广告、条幅广告和旗帜广告等。

网站 Banner 广告通常使用 GIF、JPG 等格式的图像文件或 Flash 文件，既可以使用静态图形，也可以使用动画图像，如图 1-3 所示。

图 1-3

3　导航栏

导航栏就是一组用来方便地浏览站点的超链接，用于网站各部分内容之间相互链接的指引。导航栏是网页的重要组成元素。

导航栏的形式多样，可以是简单的文字链接，也可以是设计精美的图片或是丰富多彩的按钮，还可以是下拉菜单导航，如图 1-4 所示。

图 1-4

导航栏是网页设计中的重要部分，又是整个网页设计中较独立的部分。一般来说，网站中的导航栏在各个页面中出现的位置是比较固定的，而且风格也较为一致。导航栏的位置对网站的结构与各个页面的整体布局起着举足轻重的作用。导航栏的位置一般有 4 种：在页面的左侧、右侧、顶部和底部。

4　文本

网页中的信息主要是以文本为主的，良好的文本格式可以创建出别具特色的网页，激发用户的兴趣。在网页中可以通过字体、大小、颜色、底纹、边框等来设计文本的属性，通过不同格式的区别，突出显示重要的内容，如图 1-5 所示。

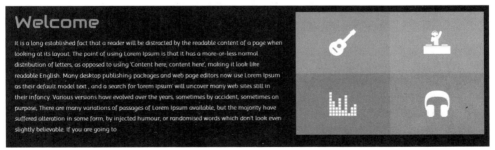

图 1-5

5　图像

图像在网页中具有提供信息、展示形象、装饰网页、表达个人情趣和风格的作用。图

Dreamweaver CC 中文版网页设计与制作

像是文本的说明和解释，在网页适当位置放置一些图像，不仅可以使文本清晰易读，而且使网页更加有吸引力。

现在几乎所有的网站都使用图像来增加网页的吸引力，网页设计者可以在网页中使用GIF、JPEG 和 PNG 等多种图像格式，其中使用最广泛的是 GIF 和 JPEG 两种格式，如图 1-6 所示。

6 Flash 动画

随着网络技术的发展，网页上已经出现了越来越多的 Flash 动画。Flash 动画已经成为当今网站必不可少的部分，美观的动画能够为网页增色不少，从而吸引更多的用户。

制作 Flash 动画不仅需要对动画制作软件非常熟悉，更重要的是设计者要有独特的创意。随着 Action Script 动态脚本编程语言的发展，Flash 已经不再局限于简单的交互式动画，通过复杂的动态脚本编程，可以制作出各种各样有趣、精彩的 Flash 动画，如图 1-7 所示。

图 1-6   图 1-7

1.1.2 网页的基本术语

微课堂
01 分 30 秒

关于网站制作有很多相关术语，本节将详细介绍一些常用的网页基本术语。

1 因特网

因特网(Internet)是一组全球信息资源的总汇。因特网以相互交流信息资源为目的，基于一些共同的协议，并通过许多路由器和公共互联网组成，它是一个信息资源和资源共享的集合。一台计算机在连接上网的一瞬间，就已经是因特网的一部分了。网络是没有国界的，通过因特网，用户随时可以传递文件信息到世界上因特网所能覆盖的任何角落，同时也可以接收来自世界各地的实时信息。

2 超级文本

超级文本与普通文本不同，它是一种用户与计算机之间进行交流的文本显示技术，通过对关键词或图片的索引链接，可以使这些带有链接的词语或图片指向相关的文件或者文本中的相关段落。超级文本类似于普通书本中的目录，我们要看某一个章节，就要用手翻到相关的页面；在网页中，网页浏览者用鼠标单击相关的链接(相当于书本中的目录)，就能打开相关的页面或内容。

通常当鼠标指针指向带有超链接的时候，鼠标指针从原来的箭头形状变为手指的形状，文本的下方也会出现下划线或者作出颜色的改变，这是软件默认的超级文本的链接形式，根据设计制作者的不同选择，会出现不同的显示。

3 浏览器

浏览器是安装在计算机上用来查看万维网中超级文本的一种工具。每一个万维网的用户都要在计算机上安装浏览器来阅读网页中的信息，这是使用万维网的最基本条件，就好像我们要用电视机来收看电视节目一样。目前大家所用的 Windows 操作系统中已经内置了浏览器。

4 IP 地址

IP 地址是分配给计算机的一组由 32 位二进制数值组成的编号，用来对网络中的计算机进行标识。为了方便记忆地址，采用了十进制标记法，每个数值小于等于 225，数值中间用"."隔开。一个 IP 地址对应一台计算机并且是唯一的，这里提醒大家注意的是，所谓的唯一是指在某一时间内唯一，如果我们使用动态 IP，那么每一次分配给我们的 IP 地址是不同的，在我们使用网络的这一时段内，这个 IP 是唯一指向我们正在使用的计算机的；另一种是静态 IP，它是固定将这个 IP 地址分配给某计算机使用的。网络中的服务器使用的就是静态 IP。

5 URL

URL 是 Universal Resource Locater 的缩写，翻译成中文为"全球资源定位器"。URL 是网页在因特网中的地址，如果要访问某网站，需要使用其 URL 才能够找到。

6 HTTP

HTTP 是 Hypertext Transfer Protocol 的缩写，翻译成中文为"超文本传输协议"，是一种最常用的网络通信协议。如果想链接到某一特定的网页，必须通过 HTTP 协议，不论使用哪一种网页编辑软件，在网页中加入什么资料，或是使用哪一种浏览器，利用 HTTP 协议都可以看到正确的网页效果。

7 FTP

FTP 是 File Transfer Protocol 的缩写，翻译成中文为"文件传输协议"，是快速、高效、可靠的信息传输方式。这个协议能把文件从一台计算机传输到另外一台计算机中，而不必

Dreamweaver CC 中文版网页设计与制作

管这两台计算机位置在何处，也不用管这两台计算机使用什么操作系统和使用何种网络，只要它们都遵循 FTP 协议，并且能够通过网络互联即可。

由于 FTP 是一个交互式的会话系统，因此两台计算机可以作为一个客户端和一个服务器端来看待，它们之间要建立双重连接，一个用于控制，一个用于数据传输。这是制作网页所要使用的重要技术之一。

8　域名

IP 地址是一组数字，记忆起来不够方便，因此人们给每个计算机赋予了一个具有代表性的名字，这就是主机名，主机名由英文字母或数字组成。将主机名和 IP 对应起来，这就是域名。

域名和 IP 地址是可以交替使用的，但一般域名还是要通过转换成 IP 地址才能找到相应的主机，这就是我们上网的时候经常用到的 DNS(域名解析服务)。

1.1.3　静态网页和动态网页

微课堂
00 分 37 秒

在网站设计中，纯粹 HTML 格式的网页通常被称为静态网页，早期的网站一般都是由静态网页组成的，一般以.htm、.html、.shtml、.xml 等为后缀。在 HTML 格式的网页中，可以出现各种动态效果，如 GIF 格式的动画、Flash 动画、滚动字幕等，如图 1-8 所示。

动态网页是指网页文件里包含了程序代码，通过后台数据库与 Web 服务器的信息交互，由后台数据库提供实时数据更新和数据查询服务的网页。动态网页的 URL 以.aspx、.asp、.jsp、.php、.perl、.cgi 等形式为后缀。动态网页可以是纯文字内容的，也可以是包含各种动画的内容，如图 1-9 所示。

图 1-8

图 1-9

从网站浏览者的角度来看，无论是动态网页还是静态网页，都可以展示基本的文字和图片信息，但从网站开发、管理、维护的角度来看就有很大的差别。

知识拓展

　　静态网页与动态网页的区别：静态网页并不是网页中的元素都是静止不动的，而是指浏览器与服务器端不发生交互的网页；动态网页除了包括静态网页中的元素外，还包括一些应用程序，这些应用程序需要浏览器与服务器之间发生交互行为。

Section 1.2　网站制作的基本流程

 导读　　网站制作的基本流程包括前期策划、收集素材、规划网站、制作 HTML 页面、测试并上传网站、网站的更新与维护等，本节将详细介绍网站制作的基本流程。

1.2.1　前期策划

微课堂
00分19秒

　　网站界面是人机之间的信息交互界面。交互是一个结合计算机科学、美学、心理学和人机工程学等学科领域的行为，其目标是促进设计。执行和优化信息与通信系统以满足用户的需要。如果想制作出合格的网页，最先要考虑的是网页的理念，也就是要决定网页的主题以及构成方式等内容。如果不经过策划直接进入制作阶段，可能会导致网页结构混乱、操作加倍等各种各样的问题，合理的前期策划会大幅度缩短制作网页的时间。

 知识拓展

　　前期策划内容包括确定网站的主题、预测访问者、绘制演示图板以及流程图等。策划网站时，首先需要确定网站的主题，一般的商业性网站会体现企业本身的理念，个人网站则需要考虑网站的目的性、有益性和更新与否等方面；确定了主题后，还需要再预测一下访问者的群体，根据访问者群体的特征设计网页风格；确定了主题和目标访问者后，就可以划分网页栏目了；确定好栏目后，还需要考虑网站的整体设计，简单地画出各页面中的导航栏位置、文本和图像的位置，这种预先画出的页面结构称为演示图板；最后还需要画出流程图，流程图指的是预先考虑网站访问者的移动流程而绘制的图。

1.2.2　收集素材

微课堂
00分17秒

　　前期策划准备工作完成后，网页制作者就可以围绕主题搜集材料了。要想让自己的网站有血有肉，能够吸引住用户，网页制作者就需要尽量搜集材料，搜集的材料越多，以后制作网站就越容易。材料既可以从图书、报纸、光盘、多媒体上得来，也可以从互联网上

搜集，然后把搜集的材料去粗取精，去伪存真，作为自己制作网页的素材。

1.2.3　规划网站

一个网站设计得成功与否，很大程度上取决于设计者的规划水平，规划网站就像设计师设计大楼一样，图纸设计好了，才能建成一座漂亮的楼房。网站规划包含的内容很多，如网站的结构、栏目的设置、网站的风格、颜色搭配、版面布局、文字图片的运用等，只有在制作网页之前把这些方面都考虑到了，才能在制作时驾轻就熟，胸有成竹。也只有如此制作出来的网页才能有个性、有特色，具有吸引力。

1.2.4　制作 HTML 页面

网站规划做好后，接下来就需要按照规划一步步地把自己的想法变成现实。这是一个复杂而细致的过程，一定要按照先大后小、先简单后复杂来进行制作。所谓先大后小，就是指在制作网页时，先把大的结构设计好，然后再逐步完善小的结构。所谓先简单后复杂，就是先设计出简单的内容，然后再设计复杂的内容，以便出现问题时好修改。在制作网页时要多灵活运用模板，这样可以大大提高制作效率。

1.2.5　测试并上传网站

网页制作完毕后要发布到 Web 服务器上，才能够让全世界的朋友观看。现在上传的工具有很多，有些网页制作工具本身就带有 FTP 功能，利用这些 FTP 工具，网页制作者可以很方便地把网站发布到自己申请的主页存放服务器上。网站上传以后，制作者要在浏览器中打开自己的网站，逐页逐链接地进行测试，发现问题及时修改，然后再上传测试结果。

1.2.6　网站的更新与维护

网站上传后，要注意经常维护更新内容，保持内容的新鲜，只有不断地给网站补充新的内容，才能够吸引住浏览者。网站的更新与维护需要注意以下方面。

- ➢ 服务器及相关软硬件的维护：服务器软件的维护包括服务器、操作系统和 Internet 连接线路等，以确保网站的 24 小时不间断正常运行；服务器硬件的维护包括对可能出现的问题进行评估，制定响应时间。
- ➢ 数据库维护：有效地利用数据库是网站维护的重要内容，因此数据库的维护要受到重视。
- ➢ 内容的更新、调整等。
- ➢ 制定相关网站维护的规定，将网站维护制度化、规范化。
- ➢ 做好网站安全管理，防范黑客入侵网站，检查网站各个功能，检查链接是否有错。

第 1 章　网页制作基础入门

网页制作常用软件

导读　在网页制作中，经常使用的软件包括 Dreamweaver、Photoshop 和 Fireworks、Flash 这 4 种，同时还需要使用一些编程语言如网页标记语言 HTML、网页脚本语言 JavaScript 以及动态网页编程语言 ASP。本节将详细介绍网页制作常用的软件和语言的相关知识。

1.3.1　网页编辑排版软件 Dreamweaver CC

微课堂　00 分 27 秒

　　Dreamweaver CC 是 Adobe 公司推出的一款网页设计专业软件，其强大的功能和易操作性使其成为同类开发软件中的佼佼者。Dreamweaver 是集创建网站和管理网站于一身的专业性网页编辑工具，特点是界面更为友好、人性化和易于操作，可快速生成跨平台及跨浏览器的网页和网站，并且能进行可视化的操作，拥有强大的管理功能，受到广大网页设计师们的青睐，一经推出就好评如潮。Dreamweaver CC 不仅是专业人士制作网页的首选，而且受到广大网页制作爱好者的欢迎。Dreamweaver CC 是 Adobe 公司推出的最新版本。

1.3.2　Photoshop CC 和 Fireworks CC

微课堂　00 分 25 秒

　　Photoshop 是 Adobe 公司推出的图像处理软件，目前已被广泛应用于平面设计、网页设计和照片处理等领域。随着计算机技术的发展，Photoshop 已经历数次版本更新，功能越来越强大，Photoshop CC 是 Adobe 公司推出的最新版本。

　　Fireworks 能快速地创建网页图像，随着版本的不断升级，功能的不断增加，Fireworks 受到越来越多网页图像设计者的欢迎。Fireworks CC 中文版更是以其方便快捷的操作模式，以及在位图编辑、矢量图形处理与 GIF 动画制作功能上的优秀整合功能，赢得诸多好评。使用 Fireworks CC 在网页图像设计中，除了对相应的页面插入图像进行调整处理外，还可以使用图像进行页面的总体布局，然后使用切片导出。

1.3.3　网页动画制作软件 Flash CC

微课堂　00 分 22 秒

　　动画可以吸引网页浏览者的注意力，网页中的动画大多是运用 Flash 软件制作出来的。Flash CC 是 Adobe 公司推出的一款功能强大的动画制作软件，也是动画设计中应用较广泛的一款软件。

　　Flash CC 是一款功能非常强大的交互式矢量多媒体网页制作软件，能够轻松输出各种各样的动画网页。Flash CC 不需要特别繁杂的操作，也比 Java 小巧精悍，而且其动画效果、多媒体效果十分出色。

Dreamweaver CC 中文版网页设计与制作

1.3.4 网页标记语言 HTML

00 分 23 秒

HTML 的英文全称是 Hyper Text Markup Language，中文翻译为"超文本标记语言"，是全球广域网上描述网页内容和外观的标准。HTML 不是一种编程语言，而是一种描述性的标记语言，用于描述超文本中内容的显示方式。如文字以什么颜色、大小来显示等，这些都是利用 HTML 标记完成的。其最基本的语法就是"＜标记符＞内容＜/标记符＞"。标记符通常都是成对使用，有一个开头标记和一个结束标记。结束标记只是在开头标记的前面加一个斜杠"/"。当浏览器收到 HTML 文件后，就会解释里面的标记符，然后把标记符相应的功能表达出来。

1.3.5 网页脚本语言 JavaScript

00 分 31 秒

使用 HTML 只能制作出静态的网页，无法独立地完成与客户端动态交互的网页任务，虽然也有其他的语言如 CGI、ASP 和 Java 等编程软件能制作出交互的网页，但其编程方法较为复杂。因此 Netscape 公司开发了 JavaScript 语言，JavaScript 引进了 Java 语言的概念，是内嵌于 HTML 中的脚本语言。Java 和 JavaScript 语言虽然在语法上很相似，但仍然是两种不同的语言。

1.3.6 动态网页编程语言 ASP

00 分 30 秒

ASP 是 Active Server Page 的缩写，中文翻译为"动态服务器页面"。早期的 Web 程序开发十分复杂，以至于要制作一个简单的动态页面也需要编写大量的 C 代码才能完成。于是 Microsoft 公司于 1996 年推出了一种 Web 应用开发技术 ASP，用于取代对 Web 服务器进行可编程扩展的 CGI 标准。ASP 的主要功能是将脚本语言、HTML、组件和 Web 数据库访问功能有机地结合在一起，形成一个能在服务器端运行的应用程序，该应用程序可根据来自浏览器端的请求生成相应的 HTML 页面并回送给浏览器。使用 ASP 能够创建以 HTML 网页作为用户界面，并能够与数据库进行交互的 Web 应用程序。

ASP 文件的扩展名是.asp，可以用来创建和运行动态网页或 Web 应用程序，一些 Web 站点为了安全目的，会通过使用更常见的.htm 或.html 扩展名来伪装它们对脚本语言的选择。.aspx 扩展名的页面使用 ASP.NET。但是 ASP.NET 页面也可以包含一些 ASP 脚本。当介绍 ASP.NET 时，往往使用经典 ASP 这一术语来表示原始的 ASP 技术。

ASP 网页可以包含 HTML 标记、普通文本、脚本命令以及 COM 组件等。

🔘 **知识拓展**

最近几年，文件上传组件越来越多，为了提高安全性，动网等商业机构推出了文件上传组件，比较常用的文件上传组件包括 SA-FileUP 组件、LyfUpload 组件、图像处理组件、截图组件和 ASP jpeg 组件等。

专题课堂——网页色彩

导读　色彩的运用在网页中的作用非常重要，有些网页看上去十分典雅、有品位，但是页面结构却很简单，图像也不复杂，这主要是色彩运用得当。只有掌握了配色的要领，才能设计出令人心旷神怡的美丽页面。本节将详细介绍网页中色彩特性方面的知识。

1.4.1　网页色彩的特性

微课堂　00 分 21 秒

任何颜色都可以使用三原色——红、绿、蓝组合而成，三原色中只有红色是暖色，所以要判断作品颜色的冷暖，可以依据红色成分的多少而定。色调主要由明度与彩度组合而成，用来表示颜色的状态。本节将详细介绍网页色彩特性的相关知识。

1　暖色调　　　　　　　　　　　　　　　　　　　　　>>>

暖色调包括红紫、红、红橙、橙、黄橙，这类色彩给人很强烈的冲击感，有扩张及迫近视线的作用，令人产生温暖的感觉，如图 1-10 所示。

2　冷色调　　　　　　　　　　　　　　　　　　　　　>>>

冷暖之间的关系是通过比较得到的，明度和彩度较弱的色相如青、青绿、蓝、蓝紫等以青色为中心的颜色及其接近的颜色，会给人带来收缩、疏远和寒冷的印象。冷色会使人联想到蓝天、绿水等景物，产生深邃、严肃的感觉，如图 1-11 所示。

图 1-10

图 1-11

3　中性色调　　　　　　　　　　　　　　　　　　　　>>>

紫、黄、绿等色彩没有在暖色调与冷色调中出现，这是因为这些颜色既不属于冷色，

Dreamweaver CC 中文版网页设计与制作

也不属于暖色，由于其所包含的冷暖比例不定而称为中性色，如图 1-12 所示。

图 1-12

1.4.2　网页安全色

00 分 20 秒

不同颜色会使人感受到不同的效果，网页安全色是在不同的硬件环境、不同的操作系统、不同的浏览器中都能够正常显示的颜色集合，也就是说这些颜色在任何终端浏览，显示设备上的显示效果都是相同的。

网络安全色是当红色(Red)、绿色(Green)、蓝色(Blue)颜色数字信号值(DAC Count)分别为 0、51、102、153、204、255 时构成的颜色组合，共有 6×6×6=216 种颜色(其中彩色为210 种，非彩色为 6 种)。

1.4.3　色彩模式

00 分 30 秒

在进行图形图像处理时，色彩模式以建立好的描述和重现色彩的模型为基础。每一种模式都有自己的特点和适用范围，用户可以根据需要在不同的色彩模式之间转换。下面将详细介绍几种常用的色彩模式。

1　RGB 色彩模式

自然界中绝大部分的可见光谱可以用红、绿和蓝三色光按不同比例与强度的混合来表示。RGB 分别代表着 3 种颜色：R 代表红色，G 代表绿色，B 代表蓝色。RGB 模式也称为加色模型，通常用于光照、视频和屏幕图像编辑。RGB 色彩模式使用 RGB 模型为图像中每一个像素的 RGB 分量分配一个 0～255 范围内的强度值，如图 1-13 所示。

2　CMYK 色彩模式

CMYK 色彩模式以打印油墨在纸张上的光线吸收特性为基础，图像中的每个像素都是由靛青(C)、品红(M)、黄(Y)和黑(K)色按照不同的比例合成的。由于 C、M、Y、K 4 种成分的增多，反射到人眼的光会越来越少，光纤的亮度会越来越低，所以 CMYK 模式产生颜色的方法又称为色光减色法，如图 1-14 所示。

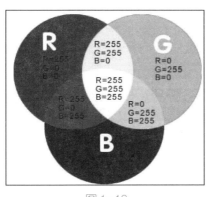 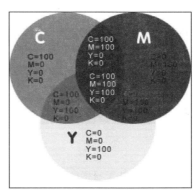

图 1-13　　　　　　　　　　　图 1-14

3　位图(Bitmap)色彩模式

位图模式的图像由黑色与白色两种像素组成，每一个像素用"位"来表示。"位"只有两种状态：0 表示有点，1 表示无点。位图模式主要用于早期不能识别颜色和灰度的设备，通常用文字识别。

4　灰度(Grayscale)色彩模式

灰度模式最多使用 256 级灰度来表现图像，图像中的每个像素有一个 0(黑色)到 255(白色)之间的亮度值。灰度值也可以用黑色油墨覆盖的百分比来表示(0%表示白色，100%表示黑色)。

5　索引(Indexed)色彩模式

索引色彩模式是网上和动画中常用的图像模式，彩色图像转换为索引色彩模式的图像后包含 256 种颜色。这种模式主要在使用网页安全色彩和制作透明的 GIF 图片时使用。在 Photoshop 中，必须使用索引色彩模式，才能制造出透明的 GIF 图片。

1.4.4　网页配色的基本规则

微课堂 00分35秒

在网页配色中，我们对颜色不同程度的理解，影响到设计页面的表现。熟练地运用色彩搭配，在制作网页时即可达到事半功倍的效果。一张优秀的设计作品，其色彩搭配必定和谐得体，令人赏心悦目。下面详细介绍网页配色的基本原则。

1　相近色的应用

相近色是网页设计中常用的色彩搭配，其特点是画面统一和谐。下面详细介绍在网页制作中应用相近色的基本原则。

Dreamweaver CC中文版网页设计与制作

不同的亮度会对人的视觉产生不同的影响，颜色重的会显得面积小，颜色浅的会显得面积大。将同样面积和形状的 3 种颜色摆放在画面中，会使画面显得单调、乏味，这种过于平均化的摆放在网页设计中是不可取的，如图 1-15 所示。

设定颜色最重的褐色为主要色，因此面积最大；中间色较少，浅色面积最小，画面马上就显得丰富了，如图 1-16 所示。

图 1-15    图 1-16

2   对比色的应用

对比色在网页中的应用很普遍，其特点是使画面生动、有活力，视觉效果更加强烈。下面详细介绍在网页制作中使用对比色的基本原则。

人们通过生活中的经验积累，对色彩有一种心理上的冷暖感觉，一般把橘红色定为暖色极，天蓝色定为冷色极。凡与暖色极相近的色和色组为暖色，如橙色、黄色、红色等；而与冷色极相近的色和色组为冷色，如蓝绿、蓝、蓝紫等。黑色偏暖，白色偏冷，灰、绿、紫为中性色。

在网页中应用对比色时，首先要注意的是定下整个画面的基本色调，是以暖色调为主还是以冷色调为主。

 专家解读

如果两种颜色的衔接比较生硬，那么就需要使用灰色来进行中和，使画面达到和谐统一的效果。在网页的中间画一条直线，这就定下了整个画面构图的版式，所有网页元素的布局必须围绕该版式来排列。注意要考虑好标题的颜色、内文的灰度等。

1.4.5   网页配色中的文本颜色

微课堂
00 分 36 秒

与图像或图形布局要素相比，文本需要更强的可读性和可识别性。如果字的颜色和背景色有明显的差异，其可读性和可识别性就强，这时主要使用的配色是明度的对比配色或者利用补色关系的配色。使用灰色或白色等无彩色背景，其可读性高，和其他颜色也容易配合；但如果想使用一些比较有个性的颜色，则主要注意颜色的对比度问题。另外，在文本背景下使用图像，如果使用对比度高的图像，那么可识别性就会降低，在这种情况下要考虑降低图像的对比度或使用只有颜色的背景。

实际上，想在网页中恰当地使用颜色就要考虑各个要素的特点。背景和文字如果使用近似的颜色，其可识别性就会降低，这是文本字号大小处于某个值时的特征。也就是说，各要素的大小如果发生了改变，色彩也需要改变。如果标题字号大小大于一定值，即使使用与背景相近的颜色，对其可识别性也不会有太大的影响。相反，如果与周围的颜色互为补充，可以给人整体上调和的感觉。如果整体使用比较接近的颜色，对想强调的内容使用补色，这也是配色的一种方法。

Section 1.5　实践经验与技巧

本节将侧重介绍和讲解与本章知识点有关的实践经验与技巧，主要包括网页编辑器和屏幕分辨率方面的知识与操作技巧。

1.5.1　网页编辑器

00分09秒

网页编辑器是用来设计网页的可视化工具，可以帮助用户快速地设计网页，这样用户就不必花大量时间写 HTML 代码，从而可以把更多精力放在设计工作上。

目前，市面上有许多网页编辑器，用户可以根据自身对网页制作的熟悉程度进行自由选择。应用较为广泛的网页编辑器有以下几种：Amaya、Adobe Dreamweaver、Microsoft Frontpage、Microsoft Expression Web、CoffeeCup HTML Editor、CKEditor。

1.5.2　屏幕分辨率

00分09秒

屏幕分辨率就是屏幕上显示的像素数，分辨率 160×128 的意思是水平方向含有像素数为 160 个，垂直方向含有像素数为 128 个。屏幕尺寸相同的情况下，分辨率越高，显示效果就越精细和细腻。屏幕分辨率低时，在屏幕上显示的像素少，但图像尺寸比较大；屏幕分辨率高时，在屏幕上显示的像素多，但图像尺寸比较小。

屏幕分辨率直接决定了网站设计制作的尺寸。网页的局限就在于无法突破显示器的范围，而且因为浏览器也会占去不少空间，留下的页面范围变得更小。在设计网页时，布局的难点在于用户各自的环境是不同的，设计在不同屏幕分辨率下看起来都很美观的网页布局是相当困难的。

在网页设计制作的过程中，向下拖动页面是给网页增加更多内容(尺寸)的方法。需要提醒网页制作者的是，除非可以确定页面显示内容能够吸引访问者拖动，否则不要让访问者拖动页面超过 3 屏。如果需要在同一个页面显示超过 3 屏的内容，最好在页面上使用类似于锚点链接的技术，以便浏览者快速找到需要浏览的内容。

➡ 一点即通

由于浏览器本身要占有一定的尺寸，所以在 1366 像素×768 像素的情况下，页面的显示尺寸为 1349 像素×600 像素；在 1024 像素×768 像素的情况下，页面的显示尺寸为 1007 像素×600 像素。

Dreamweaver CC中文版网页设计与制作

有问必答

1. 在网站的前期策划中，如何划分网页的栏目？

在设计网页时，主要考虑分为几个栏目，各栏目是否再设计子栏目；如果设计子栏目，一共要设计几个等问题。确定导航栏时，最好将相似内容的栏目合并起来，以"主栏目→子栏目→子栏目→子栏目"的细分形式来设计，但要注意避免单击5次以上才能找到所需信息的情况。

2. 如何将色彩模式转换为双色调模式？

双色调(Double Mode)模式是在黑白图片中加入颜色，使色调更加丰富的模式。RGB和CMYK等颜色模式都不可以直接转换为双色调模式，必须将色彩模式转换为灰度模式后才能转换为双色调模式。

3. 如何分辨颜色为网页安全色？

看颜色是否是网页安全色的方法是观察编码的组合，RGB色彩的十六进制值为00、33、66、99、CC、FF等都是网页安全色。

4. 如何运用十六进制数值表示方法指定网页中的色彩？

在网页编辑中，为了用HTML表现RGB色彩，使用十进制数0～255，如果改为十六进制值就是00~FF，用R、G、B的顺序罗列就成为HTML色彩编码。例如，在HTML编码中，000000就是R(红)、G(绿)、B(蓝)都没有的0状态，即黑色；FFFFFF就是R(红)、G(绿)、B(蓝)都是255的状态，也就是在RGB最明亮的状态进行组合形成的色彩。

5. 如何通过网页配色增加网页的动感？

可以使用红色和蓝色的配色来相互构成对比，产生色彩强烈而又华丽的效果，给人以很强的动感。

第 2 章

Dreamweaver CC 基础知识

* 认识工作界面
* Dreamweaver 的工作流程
* 专题课堂——可视化助理

　　本章主要介绍认识工作界面、Dreamweaver 的工作流程以及可视化助理方面的知识与技巧，在本章的最后还针对实际的工作需求，讲解了使用辅助线、使用跟踪图像、设置缩放比率和设置窗口大小的方法。通过本章的学习，读者可以掌握 Dreamweaver CC 的基础知识，为深入学习 Dreamweaver CC 知识奠定基础。

Dreamweaver CC 中文版网页设计与制作

Section 2.1 认识工作界面

导读

Dreamweaver CC 包含了一个崭新、高效的界面，性能也得到了改进。此外，Dreamweaver CC 还包含了众多新增功能，改善了软件的操作性，用户无论使用设计视图还是代码视图都可以方便地创建网页。本节主要讲述 Dreamweaver CC 的工作环境。

2.1.1 界面布局

微课堂 00分12秒

启动 Dreamweaver CC，进入 Dreamweaver CC 工作界面，其中包括菜单栏、工具栏、状态栏、编辑窗口、【属性】面板和浮动面板组 6 个部分，如图 2-1 所示。

图 2-1

2.1.2 工具、窗口和面板

微课堂 00分48秒

本节将详细介绍 Dreamweaver CC 工作界面中工具栏、编辑窗口和【属性】面板的功能和作用。

1　工具

工具栏中包含了各种工具按钮，单击左侧的【代码】按钮、【拆分】按钮、【设计】按钮，可以在文档的不同视图间快速切换，包括【代码】视图、【设计】视图，或者同时显示【代码】视图和【设计】视图的【拆分】视图。工具栏中还包含一些与查看文档、在本地和远程站点间传输文档有关的常用命令和选项，如图 2-2 所示。

图 2-2

> ➢ 【代码】按钮：单击此按钮，可以在文档窗口中显示【代码】视图。
> ➢ 【拆分】按钮：在文档窗口的一部分显示【代码】视图，而在另一部分中显示【设计】视图。
> ➢ 【设计】按钮：单击此按钮，可以在【文档】窗口中显示【设计】视图。
> ➢ 【实时视图】按钮：显示不可编辑的、交互式的、基于浏览器的文档视图。
> ➢ 【在浏览器中预览/调试】按钮：单击此按钮，从弹出的菜单中选择一个浏览器即可在浏览器中预览或调试文档。
> ➢ 【标题】文本框：可以为文档输入一个标题，该标题将显示在浏览器的标题栏中。
> ➢ 【文件管理】按钮：当有多个人对一个页面进行操作时，单击该按钮可以进行获取、取出、打开文件，导出和设计附注等操作。

2　窗口

在编辑窗口中，网页制作者可以实时查看网页制作的效果，从而进行进一步的完善与修改工作，如图 2-3 所示。

图 2-3

3　面板

Dreamweaver CC 有很多面板，单击【窗口】主菜单，在弹出的菜单中用户可以根据需要将面板调出，如图 2-4 所示。

Dreamweaver CC 中文版网页设计与制作

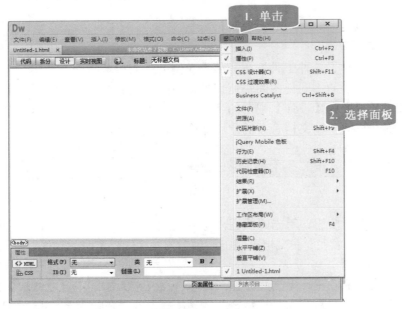

图 2-4

2.1.3 使用【插入】面板

【插入】面板中包括【常用】、【结构】、【媒体】、【表单】、jQuery Mobile、jQuery UI、【模板】和【收藏夹】8 个选项，每个选项又包含多个子选项，用户可以根据需要在网页中插入适合网页的内容，如图 2-5 所示。

图 2-5

> 【常用】选项：在该选项中提供了网页中常用对象的插入按钮，包括 Div、图像和表格等。
>
> 【结构】选项：该选项是 Dreamweaver CC 新增的选项，在该选项中提供了与网页结构相关的对象的插入按钮，包括页眉、页脚和标题等。
>
> 【媒体】选项：该选项提供了网页中各种媒体对象的插入按钮，包括 Flash、FLV

和视频等。

- ➤ 【表单】选项：该选项提供了网页中表单对象的插入按钮，并且新增了许多全新的 HTML5 表单对象，包括表单、文本和密码等。

- ➤ jQuery Mobile 选项：该选项提供了一系列针对移动设备页面开发的按钮，包括页面、列表视图和布局网格等。

- ➤ jQuery UI 选项：该选项是 Dreamweaver CC 新增的选项，提供了以 jQuery 为基础的开源 JavaScript 网页用户界面代码库。

- ➤ 【模板】选项：该选项提供了 Dreamweaver CC 中各种模板对象的创建按钮，包括创建模板、创建可编辑区域等。

- ➤ 【收藏夹】选项：该选项用于收藏用户自定义的网页对象创建按钮。在默认情况下该选项中没有对象，用户可以根据自己的使用习惯将常用的网页对象创建按钮添加到该选项中。

- ➤ 【隐藏标签】选项：选择该选项，可以隐藏【插入】面板中各插入对象按钮后的标签提示，只显示插入按钮，如图 2-6 所示；当选择了【隐藏标签】选项后，该选项变为【显示标签】选项，如图 2-7 所示。

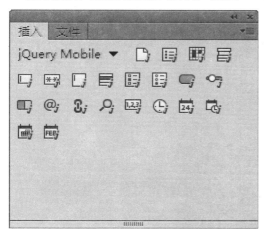

图 2-6

图 2-7

2.1.4　属性检查器

微课堂 00 分 21 秒

Dreamweaver CC 的属性检查器又称为【属性】面板，主要用于查看和更改所选择对象的各种属性。其中包含两个选项即 HTML 选项和 CSS 选项，HTML 选项为默认格式。单击不同的选项可以设置不同的属性，如图 2-8 所示。

图 2-8

Dreamweaver CC 中文版网页设计与制作

使用属性检查器，可以检查和编辑当前页面选定元素的最常用属性，如文本和插入的对象。属性检查器的内容根据选定元素的不同会有所不同。

默认情况下，属性检查器位于工作区的底部边缘，但是可以将其取消停靠并使其成为工作区中的浮动面板。单击属性检查器右上角的下拉按钮，在弹出的菜单中选择【关闭】菜单项即可关闭属性检查器，如图 2-9 所示。

图 2-9

2.1.5 管理面板和面板组

微课堂　00 分 18 秒

在 Dreamweaver CC 工作界面中，如果打开太多面板窗口，会使工作界面显得混乱，不利于操作，这时可以单击面板右上角的【折叠为图标】按钮 ，如图 2-10 所示。面板缩小后，即可将其排列到一起形成浮动面板组，如图 2-11 所示。

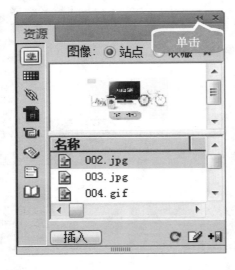

图 2-10　　　　　　　　图 2-11

知识拓展

面板打开之后可能随意放置在屏幕上，有时会很杂乱，这时可以执行【窗口】→【工作区布局】命令，选择一种布局方式，将面板整齐地摆放在屏幕上。当需要更大的编辑窗口时，可以按 F4 键将所有的面板隐藏。再按一下 F4 键，隐藏的面板又会在原来的位置上出现。

Dreamweaver 的工作流程

　　Dreamweaver 的工作流程包括规划和设置站点、组织和管理站点文件、设计网页布局、向页面添加内容、通过手动编码创建页面、针对动态内容设置 Web 应用程序、创建动态页面以及测试与发布等步骤。

　　Dreamweaver 的工作流程具有普遍性，下面详细介绍 Dreamweaver 工作流程各步骤的操作。

1　规划和设置站点 >>>

　　确定将在哪里发布文件，检查站点要求、访问者情况以及站点目标。此外，还应考虑诸如用户访问以及浏览器、插件和下载限制等技术要求。在组织好信息并确定结构后，就可以开始创建站点了。

2　组织和管理站点文件 >>>

　　在【文件】面板中，网页制作者可以方便地添加、删除和重命名文件及文件夹，以便根据需要更改组织结构。在【文件】面板中还有许多工具，使用它们可进行向远程服务器传输文件、设置存回或取出过程来防止文件被覆盖，以及同步本地和远程站点上的文件等操作。使用【资源】面板可方便地组织站点中的资源，然后可以将大多数资源直接从【资源】面板拖到 Dreamweaver 文档中。

3　设计网页布局 >>>

　　选择准备使用的布局方法，或综合使用 Dreamweaver 布局选项创建站点的外观。用户可以使用 Dreamweaver AP 元素、CSS 定位样式或预先设计的 CSS 布局来创建布局。利用表格工具，可以通过绘制并重新安排页面结构来快速地设计页面。如果想要同时在浏览器中显示多个元素，可以使用框架来设计文档的布局。最后，用户还可以基于 Dreamweaver 模板创建新的页面，然后在模板更改时自动更新这些页面的布局。

4　向页面添加内容 >>>

　　Dreamweaver 可以为网页添加资源和设计元素，如文本、图像、鼠标经过图像、图像地图、颜色、影片、声音、HTML 链接和跳转菜单等。可以对标题和背景等元素使用内置的页面创建功能，在页面中直接输入，或者从其他文档中导入内容。Dreamweaver 还提供相应的行为以便为响应特定的事件而执行任务。此外，Dreamweaver 还提供了工具来最大

Dreamweaver CC中文版网页设计与制作

限度地提高 Web 站点的性能，并测试页面以确保能够兼容不同的 Web 浏览器。

5　通过手动编码创建页面

手动编写页面的代码是创建页面的另一种方法。Dreamweaver 提供了易于使用的可视化编辑工具，但同时也提供了高级的编码环境。

6　针对动态内容设置 Web 应用程序

许多 Web 站点都包含了动态页，动态页使访问者能够查看存储在数据库中的信息，并且一般会允许某些访问者在数据库中添加新信息或编辑信息。若要创建动态页，必须先设置 Web 服务器和应用程序服务器，创建或修改 Dreamweaver 站点，然后连接到数据库。

7　创建动态页面

在 Dreamweaver 中，用户可以定义动态内容的多种来源，其中包括从数据库提取的记录集、表单参数和 JavaBeans 组件。若要在页面上添加动态内容，只需将该内容拖动到页面上即可。

用户可以通过设置页面来同时显示一个或多个记录，显示多页记录，添加用于在记录页之间来回移动的特殊链接，以及创建记录计数器来帮助用户跟踪记录。用户还可以使用 Adobe ColdFusion 和 Web 服务等技术封装应用程序或业务逻辑。如果需要更多的灵活性，则可以创建自定义服务器行为和交互式表单。

8　测试与发布

测试页面是在整个开发周期中进行的一个持续的过程。在 Dreamweaver 工作流程的最后，在服务器上发布该站点。许多开发人员还会安排定期的维护，以确保站点保持最新并且工作正常。

Section 2.3　专题课堂——可视化助理

可视化助理包括使用标尺、设置网格等，可以更加准确地制作出精美的网页。本节将详细介绍使用可视化助理方面的知识。

2.3.1　　使用标尺

微课堂
00分36秒

使用标尺可以更精确地计算所编辑网页的宽度和高度，使网页更符合浏览器的显示要求。下面详细介绍使用标尺的操作方法。

操作步骤 >> Step by Step

第1步　启动 Dreamweaver CC 程序，*1.* 单击【查看】主菜单，*2.* 在弹出的菜单中选择【标尺】菜单项，*3.* 在弹出的子菜单中选择【显示】菜单项，如图 2-12 所示。

第2步　通过以上步骤即可完成在 Dreamweaver CC 中显示标尺的操作，如图 2-13 所示。

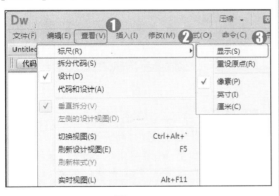

图 2-12

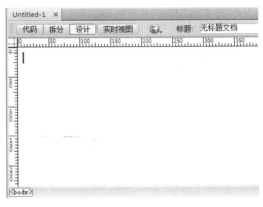

图 2-13

专家解读

如果要更改标尺的度量单位，可以单击【查看】主菜单，在弹出的菜单中选择【标尺】菜单项，在弹出的子菜单中包括【像素】菜单项、【英寸】菜单项和【厘米】菜单项，用户可以根据需要来进行选择。

2.3.2　　设置网格

微课堂
00分23秒

在 Dreamweaver CC 的设计视图中，网格是对 Div 进行绘制、定位或大小调整的可视化向导。

利用 Dreamweaver 中的网格功能，可以使页面元素在被移动后自动靠齐到网格，并通过指定网格设置来更改网格或控制靠齐行为。下面详细介绍在 Dreamweaver CC 中设置网格的操作方法。

Dreamweaver CC 中文版网页设计与制作

操作步骤　>>　Step by Step

第 1 步　启动 Dreamweaver CC 程序，**1.** 单击【查看】主菜单，**2.** 在弹出的菜单中选择【网格设置】菜单项，**3.** 在弹出的子菜单中选择【显示网格】菜单项，如图 2-14 所示。

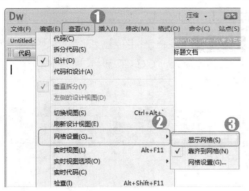

图 2-14

第 2 步　通过以上步骤即可完成在 Dreamweaver CC 中显示网格的操作，如图 2-15 所示。

图 2-15

第 3 步　若要设置网格的颜色、间隔等，**1.** 单击【查看】主菜单，**2.** 在弹出的菜单中选择【网格设置】菜单项，**3.** 在弹出的子菜单中选择【网格设置】菜单项，如图 2-16 所示。

图 2-16

第 4 步　弹出【网格设置】对话框，**1.** 在【颜色】区域设置颜色，**2.** 选中【显示网格】和【靠齐到网格】复选框，**3.** 在【显示】区域选择【线】单选按钮，**4.** 单击【确定】按钮，如图 2-17 所示。

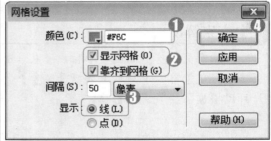

图 2-17

Section 2.4 实践经验与技巧

本节将侧重介绍和讲解与本章知识点有关的实践经验与技巧，主要包括使用辅助线、使用图像跟踪等方面的知识与操作技巧。

2.4.1　使用辅助线

微课堂
00分46秒

在 Dreamweaver CC 中，辅助线功能可以在创建网页时用于辅助的定位。下面详细介绍使用辅助线的操作方法。

操作步骤　>>　Step by Step

第1步　启动 Dreamweaver CC 程序，**1.** 单击【查看】主菜单，**2.** 在弹出的菜单中选择【辅助线】菜单项，**3.** 在弹出的子菜单中选择【显示辅助线】菜单项，如图 2-18 所示。

第2步　**1.** 单击【查看】主菜单，**2.** 在弹出的菜单中选择【标尺】菜单项，**3.** 在弹出的子菜单中选择【显示】菜单项，如图 2-19 所示。

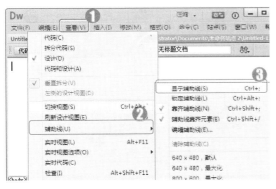
图 2-18

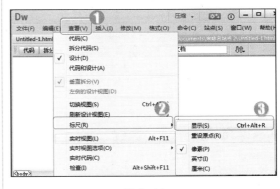
图 2-19

第3步　在左侧的标尺上单击并拖动鼠标，在上侧的标尺上单击并拖动鼠标，即可拖曳出辅助线，如图 2-20 所示。

图 2-20

■ 指点迷津

在 Dreamweaver CC 中，网页设计者还可以对辅助线的属性进行具体设置。只需单击【查看】主菜单，在弹出的菜单中选择【辅助线】菜单项，在弹出的子菜单中选择【编辑辅助线】菜单项，在弹出的【辅助线】对话框中即可对辅助线的相关属性进行具体的设置。

2.4.2　使用跟踪图像

微课堂
00分35秒

用户在制作网页时，还可以使用图像跟踪功能，下面详细介绍使用图像跟踪的方法。

Dreamweaver CC 中文版网页设计与制作

操作步骤 >> **Step by Step**

第1步　启动 Dreamweaver CC 程序，**1.** 单击【查看】主菜单，**2.** 在弹出的菜单中选择【跟踪图像】菜单项，**3.** 在弹出的子菜单中选择【载入】菜单项，如图 2-21 所示。

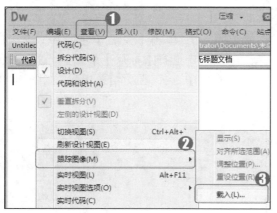

图 2-21

第3步　通过以上步骤即可完成图像跟踪的操作，如图 2-23 所示。

图 2-23

第2步　弹出【选择图像源文件】对话框，**1.** 选择要载入图片的位置，**2.** 选中准备载入的图片，**3.** 单击【确定】按钮，如图 2-22 所示。

图 2-22

■ 指点迷津

在 Dreamweaver CC 中插入跟踪图像后，单击【查看】主菜单，在弹出的菜单中选择【跟踪图像】菜单项，在弹出的子菜单中可以设置图像的位置。

2.4.3　设置缩放比率

微课堂
00 分 24 秒

用户可以根据自身需要设置画面的缩放比率，下面详细介绍设置缩放比率的方法。

→ 一点即通

如果觉得【缩放比率】菜单中的百分比率都不合适，可以按 Ctrl+=组合键放大页面，按 Ctrl+-组合键缩小页面，直至调整到适合的比率。网页制作完成后，还可以选择【缩放比率】菜单中的【符合全部】菜单项来调整页面大小。

操作步骤　>> Step by Step

第1步　启动 Dreamweaver CC 程序，**1.** 单击【查看】主菜单，**2.** 在弹出的菜单中选择【缩放比率】菜单项，**3.** 在弹出的子菜单中选择 25%菜单项，如图 2-24 所示。

第2步　图片比例发生变化，如图 2-25 所示，通过以上步骤即可完成设置缩放比率的操作。

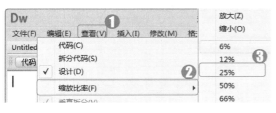

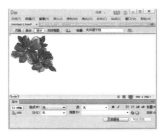

图 2-24

图 2-25

2.4.4　设置窗口大小

微课堂　00 分 22 秒

用户可以根据自身需要设置窗口大小，下面详细介绍设置窗口大小的操作方法。

操作步骤　>> Step by Step

第1步　启动 Dreamweaver CC 程序，**1.** 单击【查看】主菜单，**2.** 在弹出的菜单中选择【窗口大小】菜单项，**3.** 在弹出的子菜单中选择【320×480 智能手机】菜单项，如图 2-26 所示。

第2步　窗口大小发生变化，如图 2-27 所示，通过以上步骤即可完成设置窗口大小的操作。

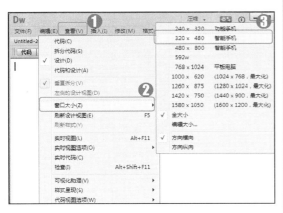

图 2-26

图 2-27

Dreamweaver CC 中文版网页设计与制作

Section
2.5 有问必答

1. 在 Dreamweaver CC 中，如何查看辅助线之间的距离？

可以将鼠标指针移动到需要查看的辅助线之间，在键盘上按 Ctrl 键即可显示水平和垂直的距离。

2. 如何使网页中的 Div 能自动靠齐到网格？

单击【查看】主菜单，在弹出的菜单中选择【网格设置】菜单项，在弹出的子菜单中选择【靠齐到网格】菜单项即可使 Div 自动靠齐到网格。

3. 如何使用菜单切换视图模式？

启动 Dreamweaver CC 程序，单击【查看】主菜单，在弹出的菜单中选择【切换视图】菜单项即可完成使用菜单切换视图的操作。

4. 在 Dreamweaver 中，如何重设标尺的原点？

启动 Dreamweaver CC 程序，单击【查看】主菜单，在弹出的菜单中选择【标尺】菜单项，在弹出的子菜单中选择【重设原点】菜单项即可完成重设标尺原点的操作。

5. 在 Dreamweaver 中，如何锁定辅助线？

启动 Dreamweaver CC 程序，单击【查看】主菜单，在弹出的菜单中选择【辅助线】菜单项，在弹出的子菜单中选择【锁定辅助线】菜单项即可完成锁定辅助线的操作。

第 **3** 章

创建与管理站点

❖ 站点及站点结构

❖ 创建本地站点

❖ 管理站点

❖ 专题课堂——管理站点文件

本章要点

本章主要内容

本章主要介绍站点及站点结构、创建本地站点、管理站点和管理站点文件方面的知识与技巧，在本章的最后还针对实际的工作需求，讲解了使用【新建文档】对话框创建新文件的方法和文件视图列、Business Catalyst 站点、Edge Animate 资源等方面的知识。通过本章的学习，读者可以掌握创建与管理站点方面的知识，为深入学习 Dreamweaver CC 知识奠定基础。

Dreamweaver CC 中文版网页设计与制作

Section
3.1 站点及站点结构

 在 Dreamweaver 中，用户可以创建本地站点。本地站点是本地计算机中创建的站点，其所有的内容都保存在计算机硬盘上，本地计算机可以被看成网络中的站点服务器。本节将详细介绍什么是站点及站点结构的基本概念。

3.1.1　什么是站点

Dreamweaver 中的"站点"指的是一个本地或远程文件的存储位置。Dreamweaver 站点提供了一种方法来组织和管理用户所有的 Web 文档，包括上传网站到一个 Web 服务器、跟踪和维护链接以及管理和共享文件。

定义一个 Dreamweaver 的站点，只需要设置一个本地文件夹，如果想要传输文件到一个 Web 服务器或开发 Web 应用程序，则必须添加信息远程站点和测试服务器。

3.1.2　站点结构

站点的链接结构是指站点中各页面之间相互链接的拓扑结构。规划网站链接结构的目的是利用尽量少的链接达到网站的最佳浏览效果。通常，网站的链接结构包括树状链接结构和星状链接结构。在规划站点链接时，应混合应用这两种链接结构设计站点内各页面的链接，尽量使网站的浏览者既可以方便快捷地打开自己需要访问的网页，又能清晰地知道当前页面处于网站内的确切位置，如图 3-1 所示。

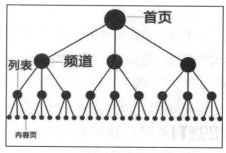

图 3-1

3.1.3　【管理站点】对话框

在 Dreamweaver 中对站点的所有管理操作都可以通过【管理站点】对话框来实现。单

击【站点】主菜单，在弹出的菜单中选择【管理站点】菜单项即可打开【管理站点】对话框，如图 3-2 所示。

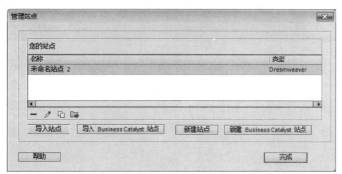

图 3-2

➢ 【您的站点】列表：该列表显示了当前 Dreamweaver CC 中创建的所有站点，并且显示了各个站点的类型，用户可以在该列表中选择需要管理的站点。

➢ 【删除当前选定的站点】按钮 ▬：单击该按钮，将弹出提示框，单击【是】按钮即可删除当前选定的站点。这里删除的只是在 Dreamweaver 中创建的站点，该站点中的文件并不会被删除。

➢ 【编辑当前选定的站点】按钮 ✎：单击该按钮，系统会自动弹出【站点设置对象】对话框，在该对话框中可以对选择的站点进行修改。

➢ 【复制当前选定的站点】按钮 ▣：单击该按钮即可复制选择的站点，得到该站点的副本。

➢ 【导出当前选定的站点】按钮 ▣➜：单击该按钮，将弹出【导出站点】对话框，选择导出位置，在【文件名】文本框中输入名称，单击【保存】按钮即可将选择的站点导出到一个扩展名为 .ste 的 Dreamweaver 站点文件中。

➢ 【导入站点】按钮：单击该按钮，系统会自动弹出【导入站点】对话框，在该对话框中选择需要导入的站点文件，单击【打开】按钮即可将该站点文件导入到 Dreamweaver 中。

➢ 【导入 Business Catalyst 站点】按钮：单击该按钮，将弹出 Business Catalyst 对话框，显示当前用户所创建的 Business Catalyst 站点，选中准备导入的站点，单击 Import Site 按钮即可导入到 Business Catalyst 站点。

➢ 【新建站点】按钮：单击该按钮，将弹出【站点设置对象】对话框，在其中可以创建新的站点。

➢ 【新建 Business Catalyst 站点】按钮：单击该按钮，将弹出 Business Catalyst 对话框，在其中可以创建新的 Business Catalyst 站点。

⊛ 知识拓展

在【管理站点】对话框中将站点删除，只是从 Dreamweaver 的站点管理器中将站点删除，站点中的所有文件并不会被删除。

Dreamweaver CC 中文版网页设计与制作

创建本地站点

导读　创建网站之前，一般需要在本地计算机上将整个网站完成，然后再将站点上传到网站 Web 服务器上。在 Dreamweaver 软件中，创建站点既可以使用软件提供的向导创建，也可以使用【高级设置】选项卡创建。本节将详细介绍创建站点的操作方法。

3.2.1　使用向导搭建站点

微课堂　00分42秒

在使用 Dreamweaver CC 制作网页之前，最好先定义一个新站点，这是为了更好地利用站点对文件进行管理，尽可能地减少错误，如路径出错、链接出错等。下面详细介绍使用【管理站点】向导搭建站点的操作方法。

操作步骤　>>　**Step by Step**

第1步　启动 Dreamweaver CC 程序，**1.** 单击【站点】菜单，**2.** 在弹出的菜单中选择【管理站点】菜单项，如图 3-3 所示。

图 3-3

第2步　弹出【管理站点】对话框，单击【新建站点】按钮，如图 3-4 所示。

图 3-4

第3步　弹出【站点设置对象】对话框，**1.** 选择【站点】选项卡，**2.** 在【站点名称】文本框中输入准备使用的名称，**3.** 在【本地站点文件夹】文本框中输入文件夹所在的路径，**4.** 单击【保存】按钮，如图 3-5 所示。

图 3-5

第4步　返回到【管理站点】对话框，在对话框中显示刚刚新建的站点，单击【完成】按钮即可完成使用向导搭建站点的操作，如图 3-6 所示。

图 3-6

3.2.2　使用【高级设置】选项卡创建站点

微课堂
00 分 13 秒

选择【高级设置】选项卡可以不使用向导而直接创建站点信息。通过模式进行设置，可以让网页设计师在创建站点过程中发挥更强的主控性。

在【站点设置对象】对话框中，选择【高级设置】选项卡，即可展开相应的选项区域，在该区域中用户可以设置准备创建的站点的详细信息，如图 3-7 所示。

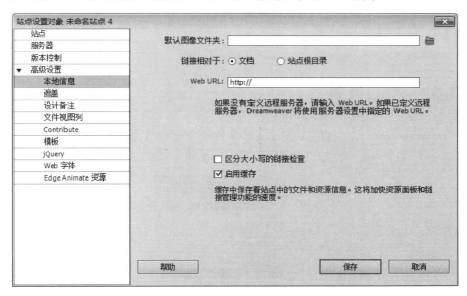

图 3-7

➢ 【默认图像文件夹】文本框：单击该文本框后的【浏览文件夹】按钮 📁，可以在打开的【选择图像文件夹】对话框中设定本地站点默认图像文件夹的存储路径。

➢ 【链接相对于】区域：在网站站点中创建指向其他资源或页面的链接时创建的链接类型。

➢ Web URL 文本框：Web 站点的 URL。Dreamweaver CC 使用 Web URL 创建站点根目录相对链接，并在使用链接检查器时验证这些链接。

➢ 【区分大小写的链接检查】复选框：在 Dreamweaver 检查链接时用于确保链接的大小写与文件名的大小写匹配。

➢ 【启用缓存】复选框：指定是否创建本地缓存以提高链接和站点管理任务的速度。

🔘 知识拓展

除了【本地信息】选项卡外，【高级设置】选项卡中还包括【遮盖】、【设计备注】、【文件视图列】、Contribute、【模板】、jQuery、【Web 字体】、【Edge Animate 资源】8 个选项。

Section
3.3 管理站点

导读

　　Dreamweaver CC 除了具有强大的网页编辑功能之外，还有管理站点的功能，如打开站点、编辑站点、删除站点和复制站点等。本节将详细介绍打开站点和切换站点方面的知识。

3.3.1　打开站点

微课堂
00 分 14 秒

　　启动 Dreamweaver CC 程序，在【文件】面板中单击【显示】下拉按钮，在弹出的下拉列表中选择准备打开的站点，即可打开相应的站点，如图 3-8 所示。

图 3-8

3.3.2　切换站点

微课堂
00 分 08 秒

　　在【管理站点】对话框中，选中需要切换到的站点，单击【完成】按钮即可切换站点，如图 3-9 所示。

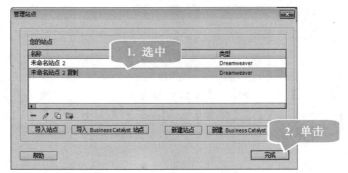

图 3-9

专题课堂——管理站点文件

在 Dreamweaver CC 中，管理站点文件的操作包括创建文件夹、创建和保存网页以及移动和复制文件或文件夹。本节将详细介绍管理站点文件方面的知识。

3.4.1　在站点中新建文件夹

创建文件夹可以使站点中的文件数据有规律地放置，方便站点的设计和修改。文件夹创建好以后，就可以在文件夹中创建相应的文件了。下面详细介绍创建文件夹的方法。

启动 Dreamweaver CC 程序，在【文件】面板中，右击要创建文件夹的父级文件夹，在弹出的快捷菜单中选择【新建文件夹】菜单项，如图 3-10 所示，即可完成创建文件夹的操作，如图 3-11 所示。

图 3-10

图 3-11

3.4.2　在站点中新建页面

通常，新建立的本地站点内部都是空的，下一步就是着手添加文件和文件夹。首先添加首页，首页是浏览者在浏览器中输入网址时服务器默认发送给浏览者的该网站的第一个网页。在网站中，首页是网站结构的开始，由首页引出其他的网页。

启动 Dreamweaver CC 程序，右击【文件】面板中的根目录，在弹出的快捷菜单中选择【新建文件】菜单项，并重新命名即可新建页面，如图 3-12 和图 3-13 所示。

Dreamweaver CC 中文版网页设计与制作

图 3—12

图 3—13

3.4.3　　移动和复制文件或文件夹

在文件管理中，还可以移动和复制文件。下面将详细介绍移动和复制文件或文件夹的操作方法。

启动 Dreamweaver CC 程序，在【文件】面板中右击要移动和复制的文件或文件夹，在弹出的快捷菜单中选择【编辑】菜单项，在弹出的子菜单中选择【剪切】或【拷贝】菜单项即可移动或复制文件和文件夹，如图 3-14 所示。

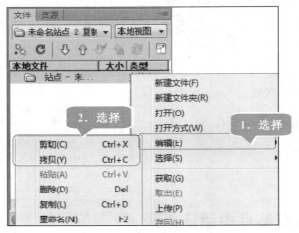

图 3—14

3.4.4　　删除文件或文件夹

启动 Dreamweaver CC 程序，在【文件】面板中右击要删除的文件，在弹出的快捷菜单中选择【编辑】菜单项，在弹出的子菜单中选择【删除】菜单项即可删除文件或文件夹，如图 3-15 所示。

图 3-15

 一点即通

重命名文件或文件夹，右击需要重命名的文件或文件夹，在弹出的快捷菜单中选择
【编辑】菜单项，在弹出的子菜单中选择【重命名】菜单项，此时文件名变为可编辑状态，
在其中输入新名称，然后按 Enter 键即可。

Section
3.5　实践经验与技巧

导读

　　　　本节将侧重介绍和讲解与本章知识点有关的实践经验与技巧，
内容包括使用【新建文档】对话框创建新文件、Business Catalyst
站点、文件视图列以及 Edge Animate 资源等方面的知识与操作
技巧。

3.5.1　使用【新建文档】对话框创建新文件

微课堂
00分32秒

通过【新建文档】对话框，不仅可以新建静态网页文件和动态网页文件，还可以新建
流体网格布局、启动器模板和网站模板 3 种相关文件。

使用【新建文档】对话框创建新文件的方法非常简单，下面详细介绍具体操作方法。

操作步骤　>>　**Step by Step**

第1步　启动 Dreamweaver CC 程序，**1.** 单
击【文件】主菜单，**2.** 在弹出的菜单中选择
【新建】菜单项，如图 3-16 所示。

第2步　弹出【新建文件】对话框，**1.** 选
择【空白页】选项，**2.** 在【页面类型】列表
中选择 HTML 选项，**3.** 单击【创建】按钮
即可完成创建新文件的操作，如图 3-17 所示。

Dreamweaver CC 中文版网页设计与制作

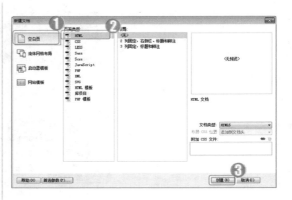

图 3-16　　　　　　　　　　　　　　　　　图 3-17

3.5.2　**Business Catalyst 站点**

　　Adobe 公司在 2009 年收购了澳大利亚的 Business Catalyst 公司，Business Catalyst 为网站设计人员提供了一个功能强大的电子商务内容管理系统。Business Catalyst 平台拥有一些非常实用的功能，如网站分析和电子邮件营销等。Business Catalyst 可以让所涉及的网站轻松地获得一个在线平台，并且可以让网站管理者轻松地掌握网站浏览者的行踪，建立和管理任何规模的客户数据库，以及在线销售产品和服务。Business Catalyst 平台还集成了很多主流的网络支付系统，如 PayPal、Google、Checkout 以及预集成的网关。

　　Business Catalyst 站点的功能是从 Dreamweaver CS6 开始加入的，在 Dreamweaver CC 中同样继承了 Business Catalyst 的功能，以满足设计者对于独立工作平台的需求。Business Catalyst 提供了一个在线远程服务器站点，使设计者能够获得一个专业的在线平台。

3.5.3　**文件视图列**

　　【站点设置对象】对话框中的【高级设置】选项卡下的【文件视图列】选项，用于设置站点管理其中文件浏览窗口所显示的内容，如图 3-18 所示。

　　在【文件视图列】选项下默认有 6 个子选项，其中【名称】用于显示文件名；【备注】用于显示设计备注；【大小】用于显示文件大小；【类型】用于显示文件类型；【修改】用于显示修改时间；【取出者】用于显示文件正在被谁打开或修改。

> ➢ 【添加新列】按钮 ：单击该按钮，会弹出【添加新列】对话框，在其中可以添加新的项目。
> ➢ 【删除列】按钮 ▬：单击该按钮，可以删除选中的列。
> ➢ 【编辑现有列】按钮 ✚：单击该按钮，会弹出【编辑现有列】对话框，在其中可以对选中的列项目进行编辑。
> ➢ 【在列表中上移项】按钮 ：选中要调整的列项目，单击该按钮，可以将选中的列项目向上移动。

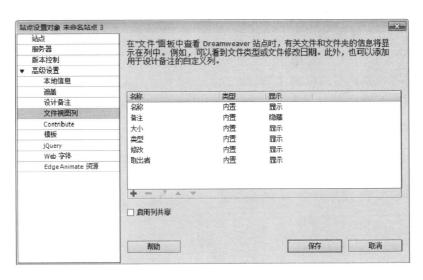

图 3-18

➤ 【在列表中下移项】按钮：选中要调整的列项目，单击该按钮，可以将选中的列项目向下移动。

➤ 【启用列共享】复选框：选中该复选框，可以启用列共享。如果要共享列，设置备注和上传设计备注都必须启用。

3.5.4　Edge Animate 资源

微课堂
00 分 27 秒

【站点设置对象】对话框的【高级设置】选项卡下的【Edge Animate 资源】选项，可以设置 Edge Animate 资源文件夹的位置，默认的 Edge Animate 资源文件夹位于站点的根目录中，名称为 edgeanimate-assets。单击【资源文件夹】文本框右侧的【浏览】按钮，可以更改 Edge Animate 资源文件夹的位置，如图 3-19 所示。

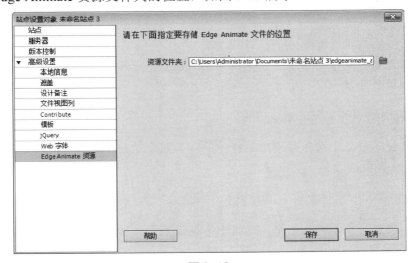

图 3-19

3.5.5 【模板】选项卡

【站点设置对象】对话框的【高级设置】选项卡下的【模板】选项卡，用于设置站点中模板的更新，其中只有一个【不改写文档相对路径】复选框。选中该复选框，则在更新站点中的模板时不会改写文档的相对路径，如图3-20所示。

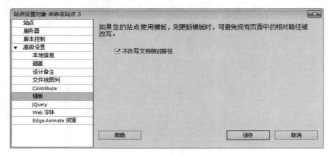

图3-20

Section 3.6 有问必答

1. **如何设置站点服务器？**

单击【站点】主菜单，在弹出的菜单中选择【新建站点】菜单项，弹出【站点设置对象】对话框，选择【服务器】选项卡即可进入设置站点服务器的界面。

2. **如何设置站点的版本控制？**

单击【站点】主菜单，在弹出的菜单中选择【新建站点】菜单项，弹出【站点设置对象】对话框，选择【版本控制】选项卡即可进入设置站点版本控制的界面。

3. **如何给站点添加设计备注？**

在【站点设置对象】对话框中，选择【高级设置】选项卡下的【设计备注】选项，即可给站点添加设计备注。

4. **如何启用站点的 Contribute 功能？**

在【站点设置对象】对话框中，选择【高级设置】选项卡下的 Contribute 选项，即可启用站点的 Contribute 功能。

5. **如何设置 Web 字体文件夹的位置？**

在【站点设置对象】对话框中，选择【高级设置】选项卡下的【Web 字体】选项，即可设置 Web 字体文件夹的位置。

第 **4** 章

编辑网页文本

- ❖ 文本的基本操作
- ❖ 插入特殊文本对象
- ❖ 设置项目列表
- ❖ 专题课堂——页面的头信息

本章要点

本章主要内容

本章主要介绍文本的基本操作、插入特殊文本对象、设置项目列表以及页面的头信息方面的知识与技巧，在本章的最后还针对实际的工作需求，讲解了使用查找与替换功能、设置页边距、设置网页的默认格式等方法。通过本章的学习，读者可以掌握编辑网页文本方面的知识，为深入学习 Dreamweaver CC 知识奠定基础。

Dreamweaver CC 中文版网页设计与制作

导读　在 Dreamweaver CC 中，可以对文本进行基本操作，其中包括输入文本，设置字体、字号、字体颜色和字体样式等。本节将详细介绍文本的基本操作方面的知识。

4.1.1 　输入文本

微课堂
00分08秒

在 Dreamweaver CC 中添加文本，可以通过复制和粘贴、直接输入的方法来实现。下面详细介绍输入文本的操作方法。

1　通过复制、粘贴输入文本　>>>

用户可以从 Word 或记事本等程序中将需要的文本复制，然后在 Dreamweaver CC 程序中执行【粘贴】命令，即可完成复制粘贴文本的操作，下面介绍具体操作方法。

操作步骤　>>　**Step by Step**

第1步　打开 Word 文档，将准备复制的内容全部选中后右击，在弹出的快捷菜单中选择【复制】菜单项，如图 4-1 所示。

第2步　切换至 Dreamweaver CC 中，在编辑窗口中右击，在弹出的快捷菜单中选择【粘贴】菜单项，如图 4-2 所示。

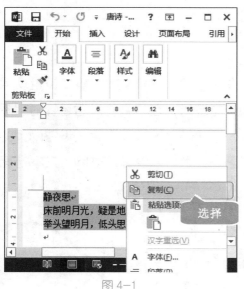

图 4-1

图 4-2

第3步 通过以上步骤即可完成复制粘贴文本的操作，如图4-3所示。

图 4-3

■ **指点迷津**

　　如果觉得右击麻烦，使用快捷键 Ctrl+C 复制文本内容，然后切换到 Dreamweaver CC 程序中，按 Ctrl+V 快捷键粘贴文本内容，这样也可以实现复制粘贴文本的效果。

2　　**直接输入文本**　　　　　　　　　　　　　　>>>

　　启动 Dreamweaver CC 程序，选择要使用的输入法，将鼠标指针定位在编辑窗口，即可输入文本，如图4-4所示。

图 4-4

4.1.2　设置字体

微课堂
00分18秒

　　在制作网页文件的时候，可以根据需要对文字进行设置。下面详细介绍设置字体的操作方法。

操作步骤 >> **Step by Step**

第1步 选中准备设置字体的文本，在【属性】面板中，**1.** 选择 CSS 选项，**2.** 单击【字体】下拉按钮，在弹出的列表中选择一个字体样式，如图4-5所示。

图 4-5

第2步 通过以上步骤即可完成设置字体的操作，如图4-6所示。

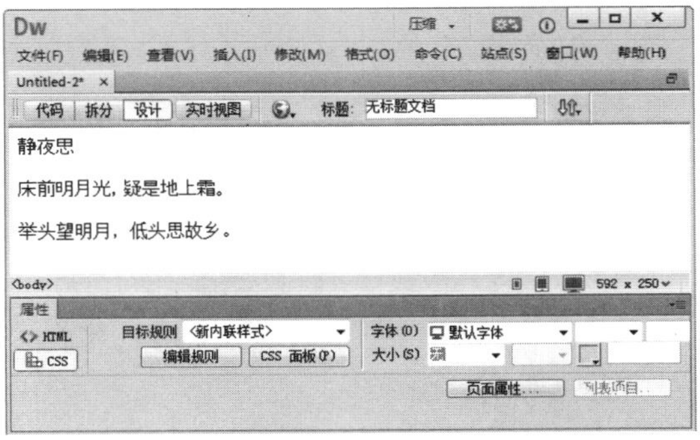

图 4-6

Dreamweaver CC 中文版网页设计与制作

4.1.3   设置字号

在设置字体的同时，还可以对字号进行设置，下面详细介绍设置字号的操作方法。

操作步骤 >> Step by Step

第1步 选中准备设置字号的文本，在【属性】面板中，**1.** 选择 CSS 选项，**2.** 单击【大小】下拉按钮 ▾，在弹出的列表中选择一个字号，如图 4-7 所示。

图 4-7

第2步 通过以上步骤即可完成设置字号的操作，如图 4-8 所示。

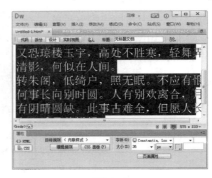

图 4-8

4.1.4   设置字体颜色

在设置字体的同时，还可以对字体的颜色进行设置，使网页更加美化。下面将详细介绍设置字体颜色的操作方法。

操作步骤 >> Step by Step

第1步 选中准备设置字体颜色的文本，在【属性】面板中，**1.** 选择 CSS 选项，**2.** 单击【文本颜色】按钮，**3.** 在弹出的颜色库中选择一个颜色，如图 4-9 所示。

图 4-9

第2步 通过以上步骤即可完成设置字体颜色的操作，如图 4-10 所示。

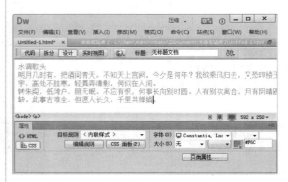

图 4-10

4.1.5　设置字体样式

微课堂
00分29秒

在设置字体的同时，还可以对字体的样式进行设置。在【属性】面板中，选择 CSS 选项，在【字体】区域的第 2、第 3 个列表框中分别选择 oblique 选项和 bolder 选项，即可完成设置字体样式的操作，如图 4-11 所示。

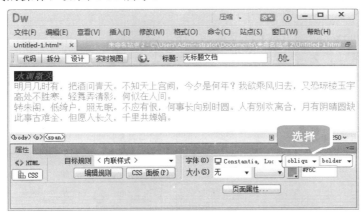

图 4-11

4.1.6　设置段落

微课堂
00分11秒

段落与格式的对齐方式包括左对齐、居中对齐、右对齐和两端对齐 4 种。下面详细介绍设置段落格式的操作方法。

操作步骤　>>　Step by Step

第 1 步　选中准备设置段落的文本，在【属性】面板中单击【居中对齐】按钮，如图 4-12 所示。

第 2 步　通过以上步骤即可完成设置段落格式的操作，如图 4-13 所示。

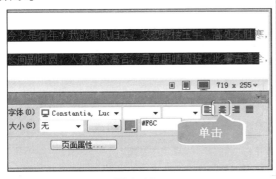

图 4-12

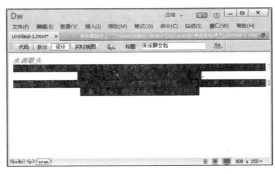

图 4-13

Dreamweaver CC 中文版网页设计与制作

4.1.7　设置是否显示不可见元素

00分28秒

除了通常的文本设置外，用户还可以设置是否显示不可见元素，下面介绍具体操作步骤。

操作步骤　**>>**　**Step by Step**

第1步　启动 Dreamweaver CC 程序，**1.** 单击【编辑】主菜单，**2.** 在弹出的菜单中选择【首选项】菜单项，如图 4-14 所示。

图 4-14

第2步　弹出【首选项】对话框，**1.** 在【分类】列表框中选择【不可见元素】选项，**2.** 在【显示】区域选中准备显示的元素，**3.** 单击【确定】按钮即可完成设置是否显示不可见元素的操作，如图 4-15 所示。

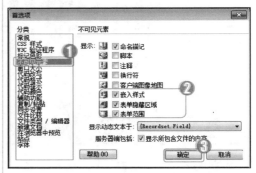

图 4-15

Section 4.2　插入特殊文本对象

在网页中还可以插入特殊文本对象，具体包括插入特殊字符、插入水平线和插入日期。本节将详细介绍插入特殊文本对象方面的知识。

4.2.1　插入特殊字符

00分27秒

在 Dreamweaver CC 中不但可以输入普通文本，还可以插入特殊字符，下面将详细介绍在网页文件中插入特殊字符的操作方法。

操作步骤 >> **Step by Step**

第1步　启动 Dreamweaver CC 程序，**1.** 单击【插入】主菜单，**2.** 在弹出的菜单中选择【字符】菜单项，**3.** 在弹出的子菜单中选择【其他字符】菜单项，如图 4-16 所示。

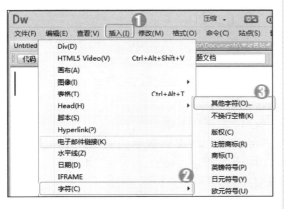

图 4-16

第2步　弹出【插入其他字符】对话框，**1.** 单击准备插入的字符按钮，**2.** 单击【确定】按钮即可将特殊字符插入到编辑窗口中，如图 4-17 所示。

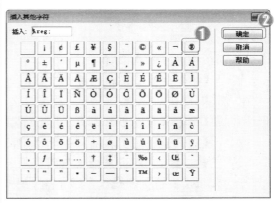

图 4-17

4.2.2　插入水平线

微课堂
00分16秒

在网页文件中插入水平线，可以分隔网页中的页面内容。下面详细介绍在网页中插入水平线的操作方法。

操作步骤 >> **Step by Step**

第1步　将鼠标指针定位在准备插入水平线的位置，**1.** 在【插入】面板中，选择【常用】选项，**2.** 单击【水平线】按钮，如图 4-18 所示。

图 4-18

第2步　通过以上步骤即可在 Dreamweaver CC 中插入水平线，如图 4-19 所示。

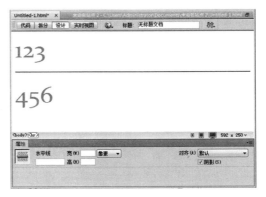

图 4-19

Dreamweaver CC 中文版网页设计与制作

在网页中插入水平线之后，可以对其进行相关设置。选中水平线，在【属性】面板中即可对其进行相应的修改，如图 4-20 所示。

图 4-20

该面板中各项的含义如下。

➢ 【水平线】文本框：在该文本框中可以输入水平线的名称，还可以设置该水平线的 ID 值。

➢ 【宽】和【高】文本框：用于定义水平线的宽度和高度。

➢ 【对齐】下拉列表框：单击下拉按钮，在弹出的下拉列表中包括【默认】、【左对齐】、【居中对齐】和【右对齐】选项，用于设置水平线在网页中的位置。

➢ Class 下拉列表框：在该下拉列表中可以设置水平线的 CSS 对象。

➢ 【阴影】复选框：选中该复选框，可以给水平线添加阴影效果。

4.2.3 插入日期

微课堂 00 分 18 秒

在网页中插入日期可以方便以后编辑网页，在网页中插入日期的方法很简单，具体操作方法如下。

操作步骤 >> Step by Step

第 1 步 将鼠标指针定位在准备插入日期的位置，*1.* 在【插入】面板中，选择【常用】选项，*2.* 单击【日期】按钮，如图 4-21 所示。

图 4-21

第 2 步 弹出【插入日期】对话框，*1.* 在【星期格式】下拉列表框中选择一种格式，*2.* 在【日期格式】下拉列表框中选择一种格式，*3.* 单击【确定】按钮，如图 4-22 所示。

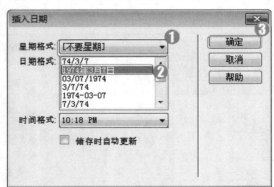

图 4-22

第 3 步 通过以上步骤即可完成插入日期的操作,如图 4-23 所示。

图 4-23

■ 指点迷津

在【插入日期】对话框中,【星期格式】下拉列表框用来设置星期的格式,共 7 个选项。选择其中的一个选项,星期的格式就会按照所选选项的格式插入到网页中。由于星期格式对中文的支持不是很好,所以一般选择【不要星期】选项。

Section 4.3 设置项目列表

导读

在文本上设置项目编号和项目列表并进行适当的缩进,可以直观地表示文本间的逻辑关系。本节将详细介绍设置项目列表方面的知识。

4.3.1 项目列表与编号

微课堂 00 分 37 秒

当制作的项目之间是并列关系时,可以根据需要创建项目列表和编号,具体操作步骤如下。

操作步骤 >> Step by Step

第 1 步 将鼠标指针定位于准备创建项目列表的位置,*1.* 单击【格式】主菜单,*2.* 在弹出的菜单中选择【列表】菜单项,*3.* 在弹出的子菜单中选择【项目列表】菜单项,如图 4-24 所示。

图 4-24

第 2 步 通过以上步骤即可完成创建项目列表的操作,如图 4-25 所示。

图 4-25

Dreamweaver CC中文版网页设计与制作

第3步　将鼠标指针定位于准备创建编号列表的位置，**1.** 单击【格式】菜单，**2.** 在弹出的下拉菜单中选择【列表】菜单项，**3.** 在弹出的子菜单中选择【编号列表】菜单项，如图4-26所示。

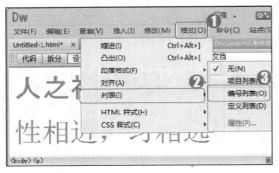

图 4-26

第4步　通过以上步骤即可完成创建编号列表的操作，如图4-27所示。

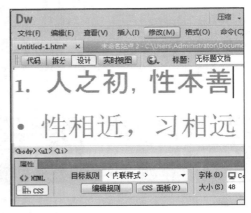

图 4-27

4.3.2　设置列表属性

微课堂
00分29秒

插入项目列表后，可以具体设置该列表的属性，下面介绍设置列表属性的操作方法。

操作步骤 >> Step by Step

第1步　将鼠标指针定位于准备设置项目列表属性的文本中，**1.** 单击【格式】主菜单，**2.** 在弹出的菜单中选择【列表】菜单项，**3.** 在弹出的子菜单中选择【属性】菜单项，如图4-28所示。

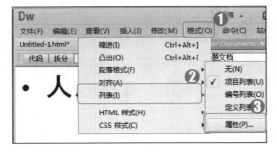

图 4-28

第2步　弹出【列表属性】对话框，**1.** 在【列表类型】下拉列表框中选择【项目列表】选项，**2.** 在【样式】下拉列表框中选择【正方形】选项，单击【确定】按钮，如图4-29所示。

图 4-29

第3步　通过以上步骤即可而完成设置列表属性的操作，如图4-30所示。

图4-30

■ **指点迷津**

在【列表属性】对话框中，【列表类型】下拉列表框提供了【项目列表】、【编号列表】、【目录列表】和【菜单列表】4个选项。其中，【目录列表】和【菜单列表】选项只在较低版本的浏览器中起作用，在目前能用的高版本浏览器中已经失去效果。如果在【列表类型】下拉列表框中选择了【项目列表】选项，列表将被转换成无序列表。

Section 4.4　专题课堂——页面的头信息

导读　　插入页面头信息的主要内容包括设置网页标题、添加关键字、添加说明、插入视口、设置链接和设置页面的META信息等。本节将介绍插入页面的头信息方面的知识。

4.4.1　设置网页标题

微课堂
00分26秒

浏览网页时，用户可在浏览器的标题栏中看到网页的标题，在进行多个窗口切换时，标题可以很明白地提示当前网页的信息，因此网页的标题对网页起到至关重要的作用。下面详细介绍设置网页标题的操作方法。

操作步骤　>>　**Step by Step**

第1步　启动Dreamweaver CC程序，**1.** 单击【修改】主菜单，**2.** 在弹出的菜单中选择【页面属性】菜单项，如图4-31所示。

图4-31

第2步　弹出【页面属性】对话框，**1.** 在【分类】列表框中选择【标题(CSS)】选项，**2.** 在【标题(CSS)】区域中可以对标题名称、字体、大小等属性进行具体设置，**3.** 单击【确定】按钮即可完成设置，如图4-32所示。

图4-32

Dreamweaver CC 中文版网页设计与制作

【标题(CSS)】区域中各项的功能如下：

➢ 【标题字体】下拉列表框：在【标题字体】后的第 1 个下拉列表框中可以设置标题的字体，在第 2 个下拉列表框中可以设置标题字体的样式，在第 3 个下拉列表框中可以设置标题字体的粗细。

➢ 【标题 1】～【标题 6】下拉列表框：在 HTML 页面中可以通过<h1>～<h6>标签定义页面中的文字为标题文字，分别对应【标题 1】～【标题 6】，在该选项区中可以分别设置不同标题的文字大小以及文本颜色。

4.4.2　　添加关键字

在页面的头部信息中还可以添加关键字，为网页插入关键字的方法非常简单，具体操作步骤如下。

操作步骤 >> Step by Step

第 1 步　启动 Dreamweaver CC 程序，**1.** 单击【插入】主菜单，**2.** 在弹出的菜单中选择 Head 菜单项，**3.** 在弹出的子菜单中选择【关键字】菜单项，如图 4-33 所示。

第 2 步　弹出【关键字】对话框，**1.** 在【关键字】文本框中输入内容，**2.** 单击【确定】按钮即可完成关键字的设置，如图 4-34 所示。

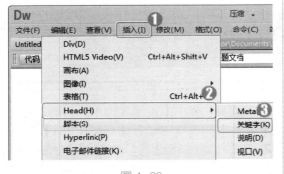

图 4-33

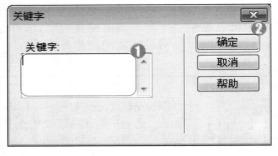

图 4-34

4.4.3　　添加说明

在页面的头部信息中还可以添加说明，给网页添加说明的方法非常简单，下面详细介绍操作步骤。

第1步 启动Dreamweaver CC程序，**1.** 单击【插入】主菜单，**2.** 在弹出的菜单中选择Head菜单项，**3.** 在弹出的子菜单中选择【说明】菜单项，如图4-35所示。

第2步 弹出【说明】对话框，**1.** 在【说明】文本框中输入内容，**2.** 单击【确定】按钮即可完成说明的设置，如图4-36所示。

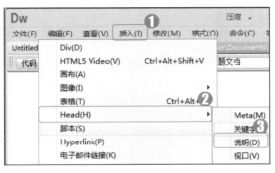

图4-35

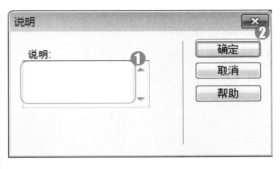

图4-36

4.4.4 插入视口

微课堂
00分20秒

在页面的头部信息中还可以插入视口，给网页插入视口的方法非常简单，下面详细介绍操作步骤。

第1步 启动Dreamweaver CC程序，**1.** 单击【插入】主菜单，**2.** 在弹出的菜单中选择Head菜单项，**3.** 在弹出的子菜单中选择【视口】菜单项，如图4-37所示。

第2步 可以看到【属性】面板的内容变为视口属性设置，通过以上步骤即可完成插入视口的操作，如图4-38所示。

图4-37

图4-38

Dreamweaver CC 中文版网页设计与制作

4.4.5　设置链接

00 分 28 秒

在页面的头部信息中还可以设置链接，给网页设置链接的方法非常简单，下面详细介绍操作步骤。

操作步骤 >> Step by Step

第 1 步　选中准备设置链接的文本，**1.** 在【属性】面板中选择 HTML 选项，**2.** 单击【链接】文本框后面的【浏览文件】按钮📁，如图 4-39 所示。

第 2 步　弹出【选择文件】对话框，**1.** 选择准备链接到的网页，**2.** 单击【确定】按钮，如图 4-40 所示。

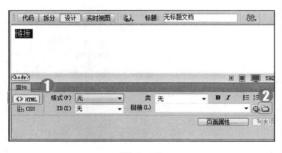

图 4-39

图 4-40

第 3 步　可以看到文本颜色变为蓝色并带有下划线，通过以上步骤即可完成设置链接的操作，如图 4-41 所示。

图 4-41

■ 指点迷津

　　链接到的网页必须和正在使用的网页存储于同一站点中，否则链接会出现错误。

4.4.6　设置页面的 META 信息

00 分 24 秒

　　META 标记用来记录当前网页的相关信息，如编码、作者和版权等；也可以用来给服务器提供信息，如网页终止时间和刷新的间隔等。给网页设置页面的 META 信息的方法非常简单，下面详细介绍操作步骤。

操作步骤 >> Step by Step

第1步 启动 Dreamweaver CC 程序，**1.** 单击【插入】主菜单，**2.** 在弹出的菜单中选择 Head 菜单项，**3.** 在弹出的子菜单中选择 Meta 菜单项，如图 4-42 所示。

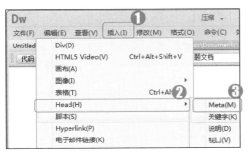

图 4-42

第2步 弹出 META 对话框，**1.** 在【值】和【内容】文本框中输入内容，**2.** 单击【确定】按钮即可完成设置页面 META 信息的操作，如图 4-43 所示。

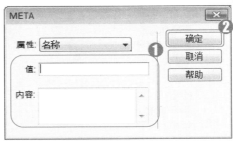

图 4-43

专家解读

设置网页文字编码格式和网页的到期时间，在 META 对话框中，【属性】下拉列表中包括 HTTP-equivalent 和【名称】两个选项，分别对应 HTTP-EQUIV 变量和 NAME 变量。

在 META 对话框的【属性】下拉列表中选择 HTTP-equivalent 选项，在【值】文本框中输入 Content-Type，在【内容】文本框中输入 "text/html; charset=UTF-8"，则设置文字编码为国际通用编码。

在 META 对话框的【属性】下拉列表中选择 HTTP-equivalent 选项，在【值】文本框中输入 expirse，在【内容】文本框中输入 "Wed，20 Jun 2017 09:00:00 GMT"，则网页将在格林尼治时间 2017 年 6 月 20 日 9 点过期，届时将无法脱机浏览这个网页，必须联到网上重新浏览这个网页。

Section 4.5 实践经验与技巧

本节将侧重介绍和讲解与本章知识点有关的实践经验与技巧，主要包括使用查找与替换功能、设置页边距、设置网页的默认格式以及设置文本缩进格式等方面的知识与操作技巧。

4.5.1 使用查找与替换功能

微课堂 00分29秒

当发现网站中的某些细节需要修改时，可以利用查找和替换功能进行修改。下面详细介绍使用查找与替换功能的操作方法。

Dreamweaver CC 中文版网页设计与制作

操作步骤 >> Step by Step

第1步　启动 Dreamweaver CC 程序，**1.** 单击【编辑】主菜单，**2.** 在弹出的菜单中选择【查找和替换】菜单项，如图 4-44 所示。

第2步　弹出【查找和替换】对话框，**1.** 在【查找】文本框中输入需要替换的内容，**2.** 在【替换】文本框中输入准备替换的内容，**3.** 单击【替换全部】按钮即可完成查找和替换的操作，如图 4-45 所示。

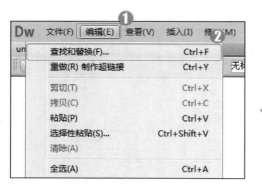

图 4-44

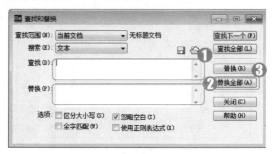

图 4-45

4.5.2　设置页边距

　　按照文章的书写规则，正文与纸的四周需要一定的距离，这个距离叫页边距。网页设计也是如此，在默认的状态下文档的上、下、左、右边距不为零。在 Dreamweaver CC 中设置页边距的方法非常简单，下面详细介绍操作步骤。

操作步骤 >> Step by Step

第1步　启动 Dreamweaver CC 程序，**1.** 单击【修改】主菜单，**2.** 在弹出的菜单中选择【页面属性】菜单项，如图 4-46 所示。

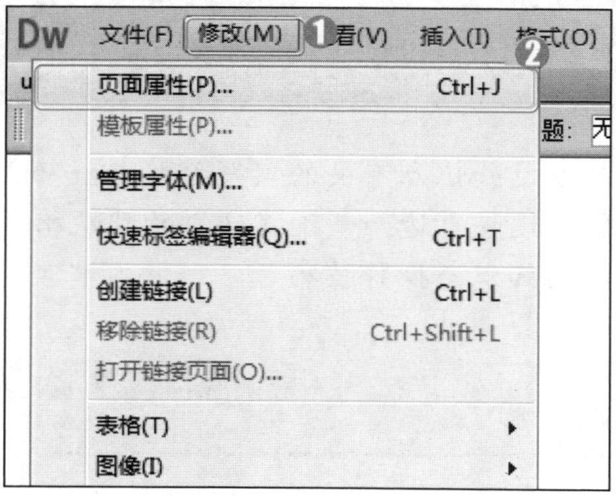

第2步　弹出【页面属性】对话框，**1.** 在【分类】列表框中选择【外观(CSS)】选项，**2.** 根据需要在【左边距】、【右边距】、【上边距】、【下边距】文本框中输入相应的数值，**3.** 单击【确定】按钮即可完成设置页边距的操作，如图 4-47 所示。

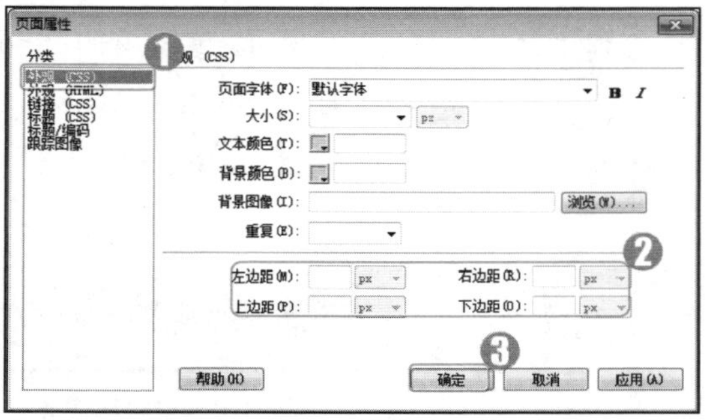

图 4-46

图 4-47

4.5.3　设置网页的默认格式

00 分 18 秒

用户在制作新网页时，页面都有一些默认的属性，比如网页的标题、网页边界、文字编码、文字颜色和超链接的颜色等。下面介绍修改网页默认格式的操作方法。

操作步骤　>>　Step by Step

第 1 步　启动 Dreamweaver CC 程序，**1.** 单击【修改】主菜单，**2.** 在弹出的菜单中选择【页面属性】菜单项，如图 4-48 所示。

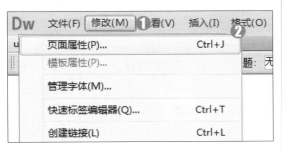

图 4-48

第 2 步　弹出【页面属性】对话框，在对话框中设置相应的属性即可，如图 4-49 所示。

图 4-49

4.5.4　设置文本缩进格式

00 分 14 秒

在 Dreamweaver CC 中，设置文本缩进的方法非常简单，下面详细介绍操作步骤。

操作步骤　>>　Step by Step

第 1 步　在编辑窗口选中文本，**1.** 单击【格式】主菜单，**2.** 在弹出的菜单中选择【缩进】菜单项，如图 4-50 所示。

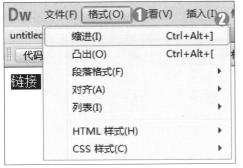

图 4-50

第 2 步　通过以上步骤即可使段落向右移动，如图 4-51 所示。

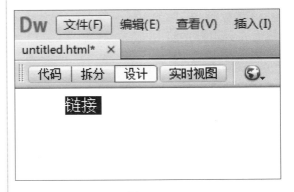

图 4-51

Dreamweaver CC 中文版网页设计与制作

4.5.5　设置网页打开时的效果

00 分 34 秒

用户在制作网页时，可以根据需要设置网页打开时的效果，下面详细介绍具体操作步骤。

操作步骤 >> Step by Step

第1步　启动 Dreamweaver CC 程序，**1.** 单击【插入】主菜单，**2.** 在弹出的菜单中选择 Head 菜单项，**3.** 在弹出的子菜单中选择 Meta 菜单项，如图 4-52 所示。

图 4-52

第2步　弹出 META 对话框，**1.** 在【属性】下拉列表中选择 HTTP-equivalent 选项，**2.** 在【值】文本框中输入 Page-Enter，**3.** 在【内容】文本框中输入 "revealTrans (duration=10，transition=20)"，**4.** 单击【确定】按钮即可完成设置网页打开效果的操作，如图 4-53 所示。

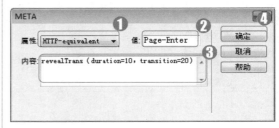

图 4-53

4.5.6　设置网页退出时的效果

00 分 35 秒

用户在制作网页时，可以根据需要设置网页退出时的效果，下面详细介绍操作步骤。

操作步骤 >> Step by Step

第1步　启动 Dreamweaver CC 程序，**1.** 单击【插入】主菜单，**2.** 在弹出的菜单中选择 Head 菜单项，**3.** 在弹出的子菜单中选择 Meta 菜单项，如图 4-54 所示。

图 4-54

第2步　弹出 META 对话框，**1.** 在【属性】下拉列表中选择 HTTP-equivalent 选项，**2.** 在【值】文本框中输入 Page-Exit，**3.** 在【内容】文本框中输入 "revealTrans (duration=20，transition=10)"，**4.** 单击【确定】按钮即可完成设置网页退出效果的操作，如图 4-55 所示。

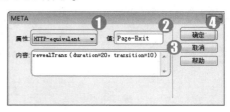

图 4-55

4.5.7 设置 Cookie 过期时间

00分23秒

Cookie，有时也用其复数形式 Cookies，翻译成中文为"浏览器缓存"，指某些网站为了辨别用户身份、进行 Session(会话控制)跟踪而储存在用户本地终端上的数据(通常经过加密)。

用户在制作网页时，可以根据需要设置 Cookie 过期的时间，下面详细介绍设置 Cookie 过期时间的操作方法。

操作步骤 >> Step by Step

第1步 启动 Dreamweaver CC 程序，**1.** 单击【插入】主菜单，**2.** 在弹出的菜单中选择 Head 菜单项，**3.** 在弹出的子菜单中选择 Meta 菜单项，如图 4-56 所示。

第2步 弹出 META 对话框，**1.** 在【属性】下拉列表中选择 HTTP-equivalent 选项，**2.** 在【值】文本框中输入 set-cookie，**3.** 在【内容】文本框中输入 "Thu，29 Sept 2016 18:00:00 GMT"，**4.** 单击【确定】按钮即可完成设置 Cookie 过期时间的操作，如图 4-57 所示。

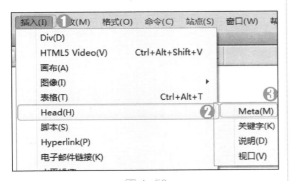

图 4—56

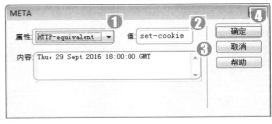

图 4—57

Section 4.6 有问必答

1. 如何设置网页的搜索引擎关键字？

打开 META 对话框，在【值】文本框中输入 Keywords，在【内容】文本框中输入网页的关键字，各关键字之间用逗号隔开，单击【确定】按钮即可设置网页的搜索引擎关键字。

2. 如何设置网页编辑器的说明？

打开 META 对话框，在【值】文本框中输入 Generator，在【内容】文本框中输入所用的网页编辑器，单击【确定】按钮即可设置网页编辑器的说明。

Dreamweaver CC 中文版网页设计与制作

3. 如何设置版权声明？

打开 META 对话框，在【值】文本框中输入 Copyright，在【内容】文本框中输入版权声明，单击【确定】按钮即可设置版权声明。

4. 如何设置网页作者说明？

打开 META 对话框，在【值】文本框中输入 Author，在【内容】文本框中输入作者名称，单击【确定】按钮即可设置网页作者说明。

5. 如何设置网页搜索引擎说明？

打开 META 对话框，在【值】文本框中输入 Description，在【内容】文本框中输入对网页的说明，单击【确定】按钮即可设置网页搜索引擎说明。

第5章

在网页中应用图像与多媒体

- ❖ 常用的图像格式
- ❖ 插入与设置图像
- ❖ 多媒体在网页中的应用
- ❖ 专题课堂——插入其他图像

本章主要介绍常用的图像格式、插入与设置图像、多媒体在网页中的应用等方面的知识与技巧，在本章的最后还针对实际的工作需求，讲解了插入 HTML5 Video、插入 HTML5 Audio、插入 Edge Animate 作品和插入 Flash Video 的方法。通过本章的学习，读者可以掌握在网页中应用图像与多媒体方面的知识，为深入学习 Dreamweaver CC 知识奠定基础。

本章要点

本章主要内容

Dreamweaver CC 中文版网页设计与制作

Section 5.1 常用的图像格式

 网页中的图像常用格式通常有 3 种，即 JPGE 格式、GIF 格式和 PNG 格式，其中使用最广泛的是 GIF 格式和 JPEG 格式。本节将详细介绍网页中常见的图像格式方面的知识。

5.1.1 JPEG 格式图像

微课堂 00 分 23 秒

JPG/JPEG(Joint Photographic Experts Group)可译为"联合图像专家组"，是一种压缩格式的图像。JPEG 文件通过压缩，使其在图像品质和文件大小之间达到较好的平衡，损失了原图像中不易为人眼察觉的内容，获得较小文件尺寸，使图像下载快捷。

JPG/JPEG 支持 24 位真彩色，普遍用于显示摄影图片和其他连续色调图像的高级格式。若对图像颜色要求较高，应采用这种类型的图像。目前各类浏览器均支持 JPEG 图像格式。

5.1.2 GIF 格式图像

微课堂 00 分 20 秒

GIF(Graphics Interchange Format)可译为"图像交换格式"，是一种无损压缩格式的图像。它可以使文件大小最小化，支持动画格式，能在一个图像文件中包含多帧图像页，在浏览器中浏览时可看到动感图像效果。网络上小一点的动画一般都是 GIF 格式的图像。

GIF 只支持 8 位颜色(256 种色)，不能用于存储真彩色的图像文件，适合大面积单一颜色的图像，如导航条、按钮、图标等。其压缩率一般在 50％左右，它不属于任何应用程序。在通常情况下，GIF 图像的压缩算法是有版权的。

5.1.3 PNG 格式图像

微课堂 00 分 17 秒

PNG(Portable Network Graphic)可译为"便携网络图像"，是一种格式非常灵活的图像，用于在因特网上无损压缩和显示图像，Fireworks 制作的图像默认为 PNG 格式。PNG 文件可以保留所有的原始图层、矢量、颜色和效果信息，并且在任何时候都可以完全编辑所有元素(文件必须具有.png 扩展名才能被 Dreamweaver CC 识别为 PNG 文件)。

PNG 图像支持多种颜色数目，从 8 位、16 位、24 位到 32 位都有。PNG 格式图像可替代 GIF 格式，支持索引色、灰度、真彩色图像及透明背景。商业网站使用 PNG 格式的图像比较安全，因为没有版权问题。

插入与设置图像

导读

　　图像是网页中不可缺少的元素之一，为了使网页内容更加丰富，方便浏览者的浏览，可以将图像插入到网页中，并进行相应的设置。本节将介绍插入与设置图像方面的知识。

5.2.1　在网页中插入图像文件

微课堂
00 分 29 秒

　　要在 Dreamweaver CC 文档中插入图像，必须位于当前站点文件夹内或远程站点文件夹内，否则图像不能正确显示。所以在建立站点时，设计者常先创建一个名叫 image 的文件夹，并将需要的文件复制到其中，然后再从这个文件夹中选择图片，向网页插入图像。下面将详细介绍在网页中插入图像的操作方法。

操作步骤　>>　**Step by Step**

第 1 步　将鼠标指针置于准备插入图像的位置，**1.** 单击【插入】主菜单，**2.** 在弹出的菜单中选择【图像】菜单项，**3.** 在弹出的子菜单中选择【图像】菜单项，如图 5-1 所示。

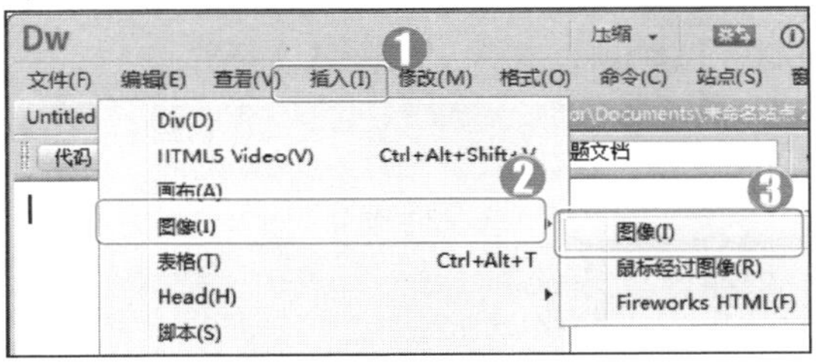

第 2 步　弹出【选择图像源文件】对话框，**1.** 选择准备插入的图像，**2.** 单击【确定】按钮即可，如图 5-2 所示。

图 5-1

第 3 步　通过以上步骤即可完成插入图像的操作，如图 5-3 所示。

图 5-3

图 5-2

Dreamweaver CC 中文版网页设计与制作

5.2.2 设置网页背景图

背景图像是网页中的另外一种图像方式，该方式的图像既不影响文件输入，也不影响插入式图像的显示。下面详细介绍设置网页背景图的操作方法。

操作步骤 >> **Step by Step**

第1步 将鼠标指针定位在网页中，单击【属性】面板中的【页面属性】按钮，如图 5-4 所示。

图 5-4

第3步 弹出【选择图像源文件】对话框，*1.* 选中准备设置为背景的图片，*2.* 单击【确定】按钮，如图 5-6 所示。

图 5-6

第5步 通过以上步骤即可完成设置网页背景图的操作，如图 5-8 所示。

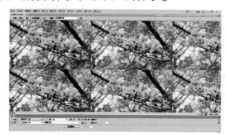

图 5-8

第2步 打开【页面属性】对话框，*1.* 在【分类】列表框中选择【外观(CSS)】选项，*2.* 单击右侧【背景图像】后面的【浏览】按钮，如图 5-5 所示。

图 5-5

第4步 返回到【页面属性】对话框中，单击【确定】按钮，如图 5-7 所示。

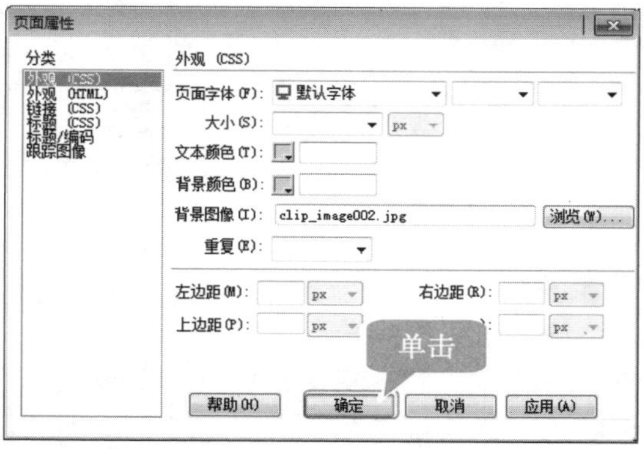

图 5-7

■ 指点迷津

在【页面属性】对话框中，除了可以设置背景图像外，还可以设置背景颜色、文本颜色、页面字体等属性。

5.2.3　图像的对齐方式

当网页文件中包括图像和文本时，需要对图像进行对齐设置，图像的对齐方式包括左对齐、居中对齐、右对齐、两端对齐 4 种。下面将详细介绍设置图像对齐方式的操作方法。

操作步骤　>>　Step by Step

第1步　选中网页中的图像，**1.** 单击【格式】主菜单，**2.** 在弹出的菜单中选择【对齐】菜单项，**3.** 在弹出的子菜单中选择【居中对齐】菜单项，如图 5-9 所示。

第2步　通过以上步骤即可完成设置图像对齐方式的操作，如图 5-10 所示。

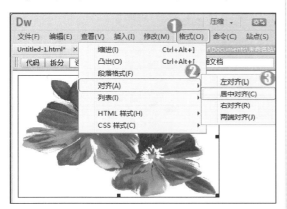

图 5-9

图 5-10

5.2.4　更改图像的基本属性

在 Dreamweaver CC 中插入图像文件之后，图像默认为选中状态，在【属性】面板中显示图像的属性，可以对其进行设置，如图 5-11 所示。

图 5-11

【属性】面板中各选项的含义如下。

➢ ID 文本框：用户可以在该文本框中定义图像名称，主要是为了在脚本语言中便于引用图像。

Dreamweaver CC 中文版网页设计与制作

➤ Src 文本框：在页面中选中图像，可以在该文本框中查看图像的源文件位置，也可以在此手动修改图像位置。

➤ 【链接】：在该文本框中可以设置当前图像文件的链接地址。

➤ 【目标】下拉列表框：在该列表框中可以设置图像链接文件显示的目标位置。

➤ 图像信息：在【属性】面板的左上角显示了所选图像的缩略图，并且在缩略图的右侧显示了该对象的信息，如图 5-12 所示。

图 5-12

➤ 【原始】文本框：用于设置所选图像的低分辨率图像。

➤ Class 下拉列表框：在该下拉列表框中可以选择已经定义好的类 CSS 样式。

➤ 【编辑】按钮 ✐：单击该按钮，将启动外部图像编辑软件，对所选图像进行编辑操作。

➤ 【编辑图像设置】按钮 ✐：单击该按钮，将弹出【图像优化】对话框，在该对话框中可以对图像进行优化设置。

➤ 【从源文件更新】按钮 ▦：单击该按钮，在更新智能对象时，网页图像会根据原始文件的当前内容和原始优化设置以新的大小、无损方式重新呈现图像。

➤ 【裁剪】按钮 ◹：单击该按钮，在图像上会出现虚线区域，拖动该虚线区域的 8 个角点至合适位置，然后按 Enter 键即可完成图像的裁剪操作。

➤ 【重新取样】按钮 ▦：对已经插入到页面中的图像进行编辑操作后，可以单击该按钮重新读取该图像文件的信息。

➤ 【亮度和对比度】按钮 ◑：选中图像，单击该按钮，将弹出【亮度/对比度】对话框，用户可以通过拖动滑块或者在滑块后面的文本框中输入数值来设置图像的亮度和对比度，如图 5-13 所示。

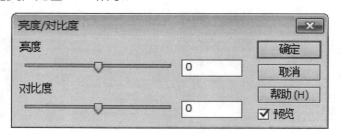

图 5-13

➤ 【锐化】按钮 △：单击该按钮，可以对图像的清晰度进行调整。

➤ 【宽】和【高】文本框：在【宽】和【高】文本框中输入数值，可以设置图像文件的宽度和高度，后面的下拉按钮可以设置宽和高的单位。

➤ 【切换尺寸约束】按钮 🔒：单击该按钮，可以约束图像缩放比例，当修改图像的宽度时，可恢复图像至原始的尺寸大小。

➤ 【替换】文本框：在该文本框中可以输入文本，用于设置当前图像文件的描述。

 **知识拓展**

在图片的【属性】面板下的【替换】文本框中，用户可以输入图像的替换说明文字。在浏览网页时，当该图片因丢失或者其他原因不能正确显示时，在其相应的区域会显示设置的替换说明文字。

Section 5.3　多媒体在网页中的应用

导读　在 Dreamweaver CC 中，不但可以插入图片，还可以插入 Flash 动画和视频文件等对象，这更增加了网页的视觉冲击力。本节将详细介绍多媒体在网页中的应用。

5.3.1　插入并设置 Flash 动画

微课堂　00 分 28 秒

在 Dreamweaver CC 中可以插入 Flash 动画，Flash 动画一般是在 Flash 中完成的。下面详细介绍插入 Flash 动画的操作方法。

操作步骤　>>　**Step by Step**

第1步　启动 Dreamweaver CC 程序，**1.** 在【插入】面板中选择【媒体】选项，**2.** 选择 Flash SWF 选项，如图 5-14 所示。

第2步　弹出【选择 SWF】对话框，**1.** 选中准备插入的文件，**2.** 单击【确定】按钮，如图 5-15 所示。

图 5-14

图 5-15

Dreamweaver CC 中文版网页设计与制作

第3步 弹出【对象标签辅助功能属性】对话框，单击【确定】按钮完成插入 Flash 动画的操作，如图 5-16 所示。

第4步 按 Ctrl+S 组合键保存文档，再按 F12 键即可在浏览器中预览添加的 Flash 效果，如图 5-17 所示。

图 5-16

图 5-17

在文档中插入动画之后，可以在【属性】面板中设置 Flash 动画的属性，方法是：选中文档中的 Flash 动画，打开【属性】面板进行设置，如图 5-18 所示。

图 5-18

【属性】面板中各选项的含义如下。

➢ 【Flash 名称】文本框：在该文本框中可以输入当前 Flash 动画的名称，此名称用来标识影片的脚本。

➢ 【高】和【宽】文本框：在这两个文本框中可以输入 Flash 高度和宽度的数值，用来设置文档中 Flash 动画的高度和宽度。

➢ 【文件】文本框：在该文本框中显示当前 Flash 动画的路径地址。单击文本框右侧的文件夹按钮，在弹出的文本框中显示当前的 Flash 动画文件。

➢ 【源文件】文本框：在该文本框中显示当前 Flash 动画的源文件地址。源文件是 Flash 动画发布之前的文件，即 FLA 文件。单击【源文件】文本框右侧的文件夹按钮，在弹出的对话框中可以选择 Flash 动画源文件的地址。

➢ 【循环】复选框：可以设置当前 Flash 动画的播放方式。选中此复选框，Flash 动画将循环播放。

➢ 【自动播放】复选框：可以设置当前 Flash 动画的播放方式。选中此复选框，Flash 动画将在浏览网页时便开始播放。

➢ 【垂直边距】文本框：在该文本框中输入数值，可以设置当前 Flash 动画距离文档垂直方向的距离。

➢ 【水平边距】文本框：在该文本框中输入数值，可以设置当前 Flash 动画距离文档水平方向的距离。

➢ 【品质】下拉列表框：单击该下拉列表框右侧的下拉按钮，在弹出的列表中包括

【高品质】、【低品质】、【自动高品质】和【自动低品质】选项，用于设置 Flash 动画在浏览器中的显示效果。

➢ 【比例】下拉列表框：单击该下拉列表框右侧的下拉按钮，在弹出的列表中包括【默认】、【无边框】和【严格匹配】选项，用于设置当前 Flash 动画的显示方式。通常情况下，选择【默认】选项。

➢ 【对齐】下拉列表框：单击该下拉列表框右侧的下拉按钮，在弹出的列表中包括【默认值】、【基线和底部】、【顶端】、【居中】、【文本上方】、【绝对居中】、【绝对底部】、【左对齐】和【右对齐】选项，用于设置 Flash 动画与文档中文本的对齐方式。

➢ 【背景颜色】按钮：单击该按钮，在弹出的颜色调板中选择任意色块应用于当前 Flash 动画的背景颜色。

➢ 【编辑】按钮：单击该按钮，将弹出 Flash 编辑器，用来编辑当前 Flash 动画。

➢ 【播放】按钮：单击该按钮，将在文档中播放当前 Flash 动画。当播放 Flash 动画时，播放按钮将变成【停止】按钮。

➢ 【参数】按钮：单击该按钮，将弹出【参数】对话框，在对话框中可以设置当前 Flash 动画。

5.3.2 插入 FLV 视频

微课堂 00 分 36 秒

FLV 是 Flash Video 的简称，是随着 Flash 系列产品推出的一种流媒体格式。由于其形成的文件极小、加载速度极快，使得网络观看视频文件成为可能。FLV 的出现有效地解决了视频文件导入 Flash 后，导出的 SWF 文件体积庞大，不能在网络上很好地使用等问题。下面详细介绍插入 FLV 视频的操作方法。

操作步骤 >> Step by Step

第 1 步 启动 Dreamweaver CC 程序，**1.** 在【插入】面板中选择【媒体】选项，**2.** 选择 Flash Video 选项，如图 5-19 所示。

第 2 步 弹出【插入 FLV】对话框，单击 URL 文本框右侧的【浏览】按钮，如图 5-20 所示。

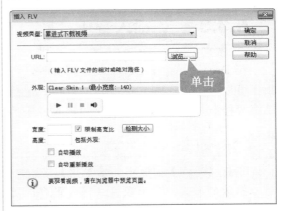

图 5-20

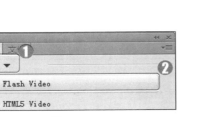

图 5-19

Dreamweaver CC 中文版网页设计与制作

第3步 弹出【选择 FLV】对话框，**1.** 选中准备插入的视频文件，**2.** 单击【确定】按钮，如图 5-21 所示。

第4步 返回到【插入 FLV】对话框，**1.** 在【宽度】和【高度】文本框中输入相应参数，**2.** 单击【确定】按钮，如图 5-22 所示。

图 5-21

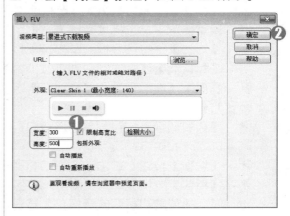

图 5-22

第5步 通过以上步骤即可完成插入 Flash Video 的操作，如图 5-23 所示。

图 5-23

5.3.3 插入音乐

微课堂 00 分 22 秒

在 Dreamweaver CC 中制作网页时，可以将音频插入到页面中。如果页面中插入了音频，可以在页面上显示播放器的外观，包括声音文件的播放、暂停、停止、音量及开始和结束等控制按钮。下面详细介绍插入音乐的操作方法。

知识拓展

单击【属性】面板中的【参数】按钮，弹出【参数】对话框，在该对话框中可以设置音乐播放的形式，如可以将音乐设置为自动播放或循环播放。

操作步骤　>>　**Step by Step**

第 1 步　启动 Dreamweaver CC 程序，**1.** 在【插入】面板中选择【媒体】选项，**2.** 选择【插件】选项，如图 5-24 所示。

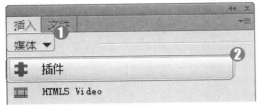

图 5-24

第 2 步　弹出【选择文件】对话框，**1.** 选择准备插入的音乐文件，**2.** 单击【确定】按钮，如图 5-25 所示。

第 3 步　此时网页中显示一个通用占位符，通过以上步骤即可完成插入音乐的操作，如图 5-26 所示。

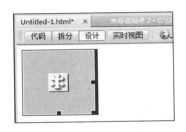

图 5-26

图 5-25

在网页中插入插件后，在【属性】面板中可以设置以下参数，如图 5-27 所示。

图 5-27

➢ 【插件】文本框：可以输入用于播放媒体对象的插件名称，使该名称可以被脚本引用。

➢ 【宽】和【高】文本框：用于设置对象的宽度和高度，默认单位为像素。

➢ 【垂直边距】文本框：用于设置对象上端和下端与其他内容的间距，单位为像素。

➢ 【水平边距】文本框：用于设置对象左端和右端与其他内容的间距，单位为像素。

➢ 【源文件】文本框：用于设置插件内容的 URL 地址，既可以直接输入地址，也可以单击其右侧的文件夹按钮 📁，从磁盘中选择文件。

➢ 【插件 URL】文本框：用于输入插件所在的路径。在浏览网页时，如果浏览器中没有安装该插件，则从此路径上下载插件。

➢ 【对齐】下拉列表框：用于选择插件内容在文档窗口中水平方向的对齐方式。

Dreamweaver CC 中文版网页设计与制作

专题课堂——插入其他图像

Dreamweaver CC 还提供了在网页中插入一些其他相关图像元素的方法，包括插入鼠标经过图像、插入 Fireworks HTML 等。本节将详细介绍在页面中插入其他图像元素的方法。

5.4.1　插入鼠标经过图像

微课堂　00 分 46 秒

在网页中，鼠标经过图像经常被用来制作动态效果。当鼠标指针移动到图像上时，该图像就变为另一幅图像。插入鼠标经过图像的方法非常简单，下面详细介绍操作步骤。

操作步骤　>>　**Step by Step**

第 1 步　将鼠标指针定位于网页文档中，**1.** 在【插入】面板中选择【常用】选项，**2.** 单击【图像】下拉按钮，**3.** 在弹出的列表中选择【鼠标经过图像】选项，如图 5-28 所示。

图 5-28

第 2 步　弹出【插入鼠标经过图像】对话框，**1.** 在【原始图像】文本框中输入图像存储路径，**2.** 在【鼠标经过图像】文本框中输入图像存储路径，**3.** 单击【确定】按钮，如图 5-29 所示。

图 5-29

第 3 步　通过上述步骤即可完成插入鼠标经过图像的操作，如图 5-30 所示。

图 5-30

■ **指点迷津**

鼠标经过图像通常被应用在链接的按钮上，通过按钮外观的变化使页面看起来更加生动，并且提示浏览者单击该按钮可以链接到另一个网页。

第5章　在网页中应用图像与多媒体

【插入鼠标经过图像】对话框如图 5-31 所示。

图 5-31

该对话框中各选项的功能如下。

➢ 【图像名称】文本框：在该文本框中默认会分配一个名称，用户也可以自己定义
图像的名称。

➢ 【原始图像】文本框：在该文本框中可以填入页面被打开时显示的图形，或者单
击该文本框后面的【浏览】按钮，选择一个图像文件作为原始图像。

➢ 【鼠标经过图像】文本框：在该文本框中可以填入鼠标经过时显示的图像，或者
单击该文本框后面的【浏览】按钮，选择一个图像文件作为鼠标经过图像。

➢ 【预载鼠标经过图像】复选框：选中该复选框，当页面载入时将同时加载鼠标经
过图像文件，以便鼠标移动到按钮上时不用重新下载经过时的图像。在默认情况
下，该复选框被选中。

➢ 【替换文本】文本框：在该文本框中可以输入鼠标经过图像的替换说明文字，和
图像的替换功能相同。

➢ 【按下时，前往的 URL】文本框：在该文本框中可以设置单击该鼠标经过图像时
跳转到的链接地址。

5.4.2　插入 Fireworks HTML

除了插入鼠标经过图像之外，还可以在网页中插入 Fireworks HTML 文件。在网页中
插入 Fireworks HTML 文件的方法非常简单，下面详细介绍操作步骤。

 专家解读

除了通过【插入】面板插入鼠标经过图像和 Fireworks HTML 文件外，还可以通过【插
入】主菜单来插入这些对象，执行【插入】→【图像】命令即可选择插入的对象。

Dreamweaver CC 中文版网页设计与制作

操作步骤 >> Step by Step

第1步　将鼠标指针定位于网页文档中，**1.** 在【插入】面板中选择【常用】选项，**2.** 单击【图像】下拉按钮，**3.** 在弹出的列表中选择 Fireworks HTML 选项，如图 5-32 所示。

图 5-32

第2步　弹出【插入 Fireworks HTML】对话框，**1.** 在【Fireworks HTML 文件】文本框中输入准备插入的文件存储路径，**2.** 单击【确定】按钮即可完成在网页中插入 Fireworks HTML 的操作，如图 5-33 所示。

图 5-33

【插入 Fireworks HTML】对话框中各选项的功能如下。

➢　【Fireworks HTML 文件】文本框：在该文本框中可以设置需要插入的 Fireworks HTML 文件的地址，或者单击后面的【浏览】按钮，选择需要插入的 Fireworks HTML 文档。

➢　【插入后删除文件】复选框：选中该复选框，可以在插入 Fireworks HTML 文档后删除原始的 Fireworks HTML 文档。

Section 5.5　实践经验与技巧

　　本节将侧重介绍和讲解与本章知识点有关的实践经验与技巧，主要包括插入 HTML5 Video、插入 HTML5 Audio 等方面的知识与操作技巧。

5.5.1　插入 HTML5 Video

微课堂 00 分 40 秒

　　HTML5 视频元素提供一种将电影或视频嵌入网页的标准方式。在 Dreamweaver CC 中，用户可以通过【插入】面板来实现插入 HTML5 Video 的操作，具体操作步骤如下。

操作步骤 >> **Step by Step**

第1步 启动 Dreamweaver CC 程序，*1.* 在【插入】面板中选择【媒体】选项，*2.* 选择 HTML5 Video 选项，如图 5-34 所示。

图 5-34

第2步 在网页中显示一个占位符，在【属性】面板中单击【源】文本框后侧的【浏览】按钮，如图 5-35 所示。

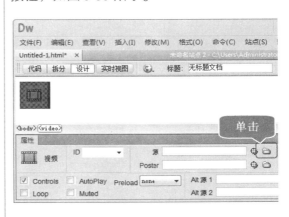

图 5-35

第3步 弹出【选择视频】对话框，*1.* 选择准备插入的文件，*2.* 单击【确定】按钮，如图 5-36 所示。

图 5-36

第4步 在【属性】面板中，*1.* 在 W 和 H 文本框中设置视频在页面中的宽度和高度，*2.* 选中 Controls 和 AutoPlay 复选框，如图 5-37 所示。

图 5-37

5.5.2 插入 HTML5 Audio

微课堂
00分30秒

用户还可以在网页中插入 HTML5 Audio，在网页中插入 Flash Audio 的方法非常简单，下面详细操作步骤。

操作步骤 >> Step by Step

第1步 启动 Dreamweaver CC 程序，*1.* 在【插入】面板中选择【媒体】选项，*2.* 选择 HTML5 Audio 选项，如图 5-38 所示。

第2步 在网页中显示一个占位符，在【属性】面中，单击【源】文本框后侧的【浏览】按钮，如图 5-39 所示。

图 5-38

图 5-39

第3步 弹出【选择音频】对话框，*1.* 选择准备插入的文件，*2.* 单击【确定】按钮，如图 5-40 所示。

第4步 通过以上步骤即可完成插入 HTML5 Audio 的操作，如图 5-41 所示。

图 5-40

图 5-41

5.5.3 插入 Edge Animate 作品

微课堂 00分21秒

Dreamweaver CC 为适应 HTML5 的发展趋势，新增了插入 Edge Animate 作品的功能，下面详细介绍插入 Edge Animate 作品的操作方法。

 一点即通

在网页中插入的 Edge Animate 作品的文件扩展名必须是 .oam，该文件是 Edge Animate 软件发布的 Edge Animate 作品包。IE10 还不能支持网页中 Edge Animate 作品的显示，但用户可以在 Chrome 浏览器中看到 Edge Animate 作品的效果。

操作步骤　>>　**Step by Step**

第1步　启动 Dreamweaver CC 程序，**1.** 在【插入】面板中选择【媒体】选项，**2.** 选择【Edge Animate 作品】选项，如图 5-42 所示。

第2步　弹出【选择 Edge Animate 包】对话框，**1.** 选择准备插入的文件，**2.** 单击【确定】按钮，如图 5-43 所示。

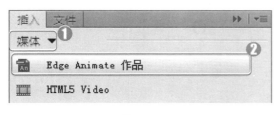

图 5-42

图 5-43

第3步　通过以上步骤即可完成插入 Edge Animate 作品的操作，如图 5-44 所示。

图 5-44

5.5.4　插入 Flash Video

微课堂
00 分 41 秒

使用 Dreamweaver CC 和 Flash Video 文件，可以快速地将视频内容放置到 Web 上；将 Flash Video 文件拖动到 Dreamweaver CC 中，可以快速地将视频融入到网站的应用程序中。下面详细介绍插入 Flash Video 的方法。

Dreamweaver CC 中文版网页设计与制作

操作步骤 >> Step by Step

第1步 启动Dreamweaver CC程序,**1.** 在【插入】面板中选择【媒体】选项,**2.** 选择 Flash Video 选项, 如图 5-45 所示。

图 5-45

第3步 通过以上步骤即可完成在网页中插入 Flash Video 的操作, 如图 5-47 所示。

图 5-47

第2步 弹出【插入 FLV】对话框,**1.** 在 URL 文本框中输入准备插入的 FLV 文件的存储路径,**2.** 在【外观】下拉列表中, 选择一个外观,**3.** 在【宽度】和【高度】文本框中输入数值,**4.** 单击【确定】按钮, 如图 5-46 所示。

图 5-46

■ 指点迷津

　　Flash Video是随着Flash系列产品推出的一种流媒体格式, 其视频采用 Sorenson Media 公司的 Sorenson Spark 视频编码器, 音频采用 MP3 编辑。Flash Video 可以使用 HTTP 服务器或者专门的 Flash Communication Server 流服务器进行流式传送。

Section
5.6　有问必答

1. 在 Dreamweaver CC 中，如何设置图像的对齐方式为左对齐？

选中网页中的图像，单击【格式】主菜单，在弹出的菜单中选择【对齐】菜单项，在弹出的子菜单中选择【左对齐】菜单项，即可将图像设置为左对齐。

2. 如何给网页添加背景音乐？

在 Dreamweaver CC 中打开网页，切换至代码视图，将鼠标指针定位在 <body> 与 </body> 标签之间，输入代码"<bgsound scr="未命名站点 2/音乐.mp3">"即可给网页添加背景音乐。

3. 如何删除 Flash 插件相关文件？

可以利用 wsyscheck 或 xuetr 工具删除 C:\Windows\System32\Macromed 下的 Flash 文件夹。

4. 网页中常用的声音格式有哪些？

网页中常用的声音格式包括 MIDI(或 MID)、WAV、AIF(或 AIFF)、MP3、RA(或 RAM) 以及 RP 和 Real Audio。

5. 网页中常用的视频格式有哪些？

网页中常用的视频格式包括 MPEG(或 MPG)、AVI、WMV、RM 以及 MOV。

第 **6** 章

超 链 接

- ❖ 超链接概述
- ❖ 链接路径
- ❖ 创建超链接
- ❖ 创建不同种类的超链接
- ❖ 专题课堂——管理与设置超链接

　　本章主要介绍超链接概述、链接路径、创建超链接、创建不同种类的超链接以及管理与设置超链接方面的知识与技巧，在本章的最后还针对实际的工作需求，讲解了创建锚记链接、创建文件下载链接和创建音视频链接的方法。通过本章的学习，读者可以掌握超链接方面的知识，为深入学习 Dreamweaver CC 知识奠定基础。

Dreamweaver CC 中文版网页设计与制作

Section 6.1 超链接概述

　　超链接是网站构成中最重要的部分之一。单击网页中的超链接即可转到相应的网页；在网页上创建超链接，即可将网站上的网页联系起来。本节将详细介绍超链接方面的知识。

6.1.1 超链接的定义

微课堂 00分18秒

　　网络中的一个个网页是通过超链接的形式关联在一起的，可以说超链接是网页中最重要、最根本的元素之一。超链接的作用是在 Internet 上建立从一个位置到另一个位置的链接。超链接由源端点和目标端点两部分组成，其中设置了链接的一端称为源端点，跳转到的页面或对象称为链接的目标端点。当访问者单击超链接时，浏览器会从相应的目标地址检索网页并显示在浏览器中。

　　超链接与 URL 及网页文件的存放路径是紧密相关的。URL 可以简单地称为网址，顾名思义，就是 Internet 文件在网上的地址，定义超链接其实就是制定一个 URL 地址来访问指向的 Internet 资源。同时，认识从作为链接起点的文档到作为链接目标的文档之间的文件路径，对于创建链接至关重要。网页中的链接按照路径的不同可以分为 3 种形式：绝对路径、相对路径和基于根目录路径。

　　在 Dreamweaver CC 中，用户可以创建下列几种类型的链接。

➤ 页面链接：利用该链接可以跳转到其他文档或文件，如图形、PDF 或声音文件等。

➤ 页内容链接：也称为锚记链接，利用该链接可以跳转到本站点指定文档的位置。

➤ E-mail 链接：使用 E-mail 链接可以启动电子邮件程序，允许用户书写电子邮件，并发送到指定地址。

➤ 空链接及脚本链接：空链接与脚本链接允许用户附加行为至对象或创建一个执行 JavaScript 代码的链接。

🔆 **知识拓展**

　　URL(Uniform Resource Locator)翻译成中文为统一资源定位器，是指 Internet 文件在网上的地址，是使用数字和字母按一定顺序排列来确定的 Internet 地址，由访问方法、服务器名、端口号以及文档位置组成。

6.1.2 内部超链接、外部超链接与脚本链接

微课堂 00分10秒

　　常规超链接包括内部超链接、外部超链接和脚本链接 3 种，每一种的链接方法不同，

下面详细介绍设置 3 种超链接的操作方法。

1 内部超链接 >>>

选中准备设置超链接的文本或图像后,在【属性】面板的【链接】文本框中输入要链接对象的相对路径,一般使用【指向文件】和【浏览文件】的方法创建,如图 6-1 所示。

图 6-1

2 外部超链接 >>>

外部超链接是指目标端点位于其他网站中,通过它可跳转到其他网站的超链接。外部超链接只能采用一种方法设置。选中准备设置超链接的文本或图像后,在【属性】面板的【链接】文本框中输入准备链接网页的网址,即可完成,如图 6-2 所示。

图 6-2

3 脚本链接 >>>

脚本链接就是通过脚本控制链接。一般而言,脚本链接可以用来执行计算、表单验证和其他处理。选择文档窗口中的文本或图像,然后在【属性】面板的【链接】文本框中输入“JavaScript:window.close{}”,即可完成脚本链接,如图 6-3 所示。

图 6-3

Section 6.2 链接路径

了解从作为链接起点的文档，到作为链接目标的文档之间的文件路径，对于创建链接至关重要。每个网页都有一个唯一的地址，称作统一资源定位器(URL)。本节将详细介绍有关链接路径方面的知识。

6.2.1 绝对路径

00 分 21 秒

绝对路径提供所链接文档的完整 URL，而且包括所使用的协议(对于 Web 页，使用 http://)，如 http:///www.macromedia.com/support/dreamweaver/contents.html 就是一个绝对路径。尽管对本地链接(即到同一站点内文档的链接)也可使用绝对路径链接，但不建议采用这种方式，因为一旦将此站点移动到其他域，则所有本地绝对路径链接都将断开。对本地链接使用相对路径还能在需要站点内移动文件时，提供更大的灵活性。

绝对路径也会出现在尚未保存的网页上，在没有保存的网页上插入图像或添加链接，Dreamweaver 会暂时使用绝对路径。

使用绝对路径与链接的源端点无关，只要目标站点地址不变，无论文档在站点中如何移动，都可以正常实现跳转而不会发生错误。如果想要链接当前站点之外的网页或网站，就必须使用绝对路径。

🔘 **知识拓展**

绝对路径链接方式不利于测试，如果在站点中使用绝对路径地址，要想测试链接是否有效，必须在 Internet 服务器端进行。此外，采用绝对路径不利于站点的移植。例如，一个较为重要的站点，可能会在几个服务器上创建镜像，同一个文档也就有几个不同的网址，要将文档在这些站点之间移植，必须对站点中的每个使用绝对路径的链接进行一一修改，这样才能达到预期目的。

6.2.2 文档相对路径

00 分 09 秒

文档相对路径就是指包含当前文件的文件夹，也就是以当前网页所在文件夹为基础来计算的路径。

文档相对路径对于大多数 Web 站点的本地链接来说，是最实用的路径。在当前文档与所链接文档处于同一文件夹内，而且可能保持这种状态的情况下，文档相对路径特别有用。

文档相对路径还可用来链接到其他文件夹中的文档，方法是利用文件夹的层次结构，制定从当前文档到所链接的文档的路径。

文档相对路径是省略掉对于当前文档和所链接的文档都相同的绝对 URL 部分，而只提供不同的路径部分。

6.2.3　站点根目录相对路径

使用 Dreamweaver 制作网页时，需要选定一个文件夹来定义一个本地站点，模拟服务器上的根文件夹，系统会根据这个文件夹来确定所有链接的本地文件位置，而相对路径中的根就是指这个文件夹。

站点根目录相对路径提供从站点的根文件夹到文档的路径。在处理使用多个服务器的大型 Web 站点，或者使用承载有多个不同站点的服务器时，则可能需要使用站点根目录相对路径。如果不熟悉此类型的路径，最好坚持使用文档相对路径。

站点根目录相对路径以一个斜杠开始，该斜杠表示站点根文件夹。例如，/support/tips.html 是文件 tips.html 的站点根目录相对路径，该文件位于站点根文件夹的 support 子文件夹中。

在某些 Web 站点中，需要经常在不同文件夹之间移动 HTML 文件，在这种情况下，站点根目录相对路径通常是制定链接的最佳方法。

如果移动或重命名根目录相对路径所链接的文档，即使文档彼此之间的相对路径没有改变，仍必须更新这些链接。

知识拓展

如果根目录结构过深，在引用根目录下的文件时，用根相对路径会更好些。例如，网页文件中引用根目录下 images 目录中的一个图 good.gif，可在当前网页中使用根相对路径表示为/images/good.gif 即可。

Section 6.3　创建超链接

 网页的最大优点在于可以使用户通过超链接功能在多个网页文档中自如地来回访问。创建超链接的方法包括使用【指向文件】按钮创建链接、使用【属性】面板创建链接等，本节将详细介绍这些创建方法。

6.3.1　使用【指向文件】按钮创建链接

在 Dreamweaver CC 中，可以使用【指向文件】按钮创建链接，具体操作步骤如下。

在 Dreamweaver CC 界面下方的【属性】面板中，单击并拖动【指向文件】按钮到站点窗口中准备链接的目标文件上，释放鼠标左键，即可完成使用【指向文件】按钮创建

Dreamweaver CC 中文版网页设计与制作

超链接的操作，如图 6-4 所示。

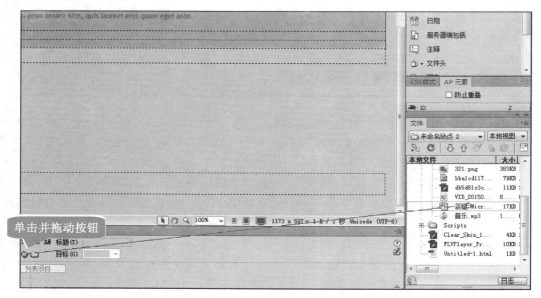

图 6-4

6.3.2　使用【属性】面板创建链接

00 分 13 秒

　　【属性】面板中的【浏览文件】按钮  和【链接】文本框可用于创建图像、对象或文本到其他文档或文件的链接。下面详细介绍使用【属性】面板创建超链接的操作方法。

　　在【属性】面板中，**1.** 选择【HTML】选项，**2.** 在【链接】文本框中输入准备链接的路径，按 Enter 键即可完成使用【属性】面板创建链接的操作，如图 6-5 所示。

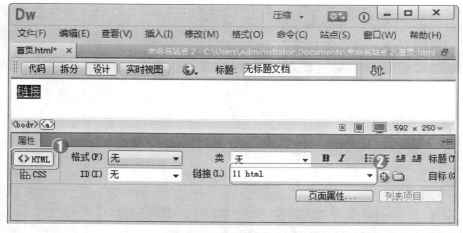

图 6-5

创建不同种类的超链接

　　常见的超链接一般包括文本超链接、图像热点链接、空链接、电子邮件链接和脚本链接等，下面详细介绍创建各种链接的操作方法。

6.4.1　文本超链接

　　网页中最容易制作并最常用的即是文本超链接，它具有文件小、制作简单、便于维护等特点。文本超链接指的是单击文本时，出现与它相链接的其他页面或主页的形式。下面详细介绍创建文本超链接的操作方法。

操作步骤　>>　**Step by Step**

第 1 步　选中准备设置超链接的文本，在【属性】面板中单击【链接】文本框右侧的【浏览文件】按钮🗀，如图 6-6 所示。

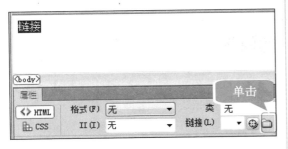

图 6-6

第 3 步　通过以上步骤即可完成创文本超链接的操作，如图 6-8 所示。

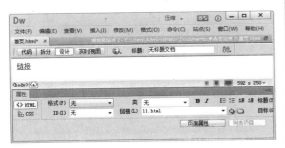

图 6-8

第 2 步　打开【选择文件】对话框，*1.* 选中准备链接的文件，*2.* 单击【确定】按钮，如图 6-7 所示。

图 6-7

Dreamweaver CC 中文版网页设计与制作

在为文字设置超链接后，【属性】面板上的【标题】文本框和【目标】下拉列表框被激活，用户可以对其进行设置，如图 6-9 所示。

图 6-9

➤ 【标题】文本框：在该文本框中可以输入链接的标题。

➤ 【目标】下拉列表框：该下拉列表框用来设置链接的打开方式，共有 6 种链接打开方式，包括默认、_blank、new、_parent、_self、_top。

6.4.2 图像热点链接

微课堂
00 分 45 秒

Dreamweaver 的映像图像编辑器能使用户非常方便地创建和编辑客户端的映像图，利用图像【属性】面板中的【绘制】工具可以直接在网页的图像上绘制用来激活超链接的热区，再通过热区添加链接，达到创建图像热点链接的目的。下面详细介绍创建图像热点链接的操作方法。

操作步骤 >> **Step by Step**

第1步 选中准备设置链接的图像，在【属性】面板中单击【矩形热点工具】按钮□，如图 6-10 所示。

第2步 在图像上拖动鼠标绘制图像热区，*1.* 在【属性】面板的【链接】文本框中输入目标网页的网址，*2.* 在【目标】下拉列表框中选择 new 选项，如图 6-11 所示。

图 6-10

图 6-11

第3步 通过以上步骤即可完成创建图像热点链接的操作，如图 6-12 所示。

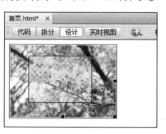

图 6-12

■ 指点迷津

在 Dreamweaver CC 中，除了可以创建矩形热点区域外，还可以通过圆形热区工具和多边形热区工具创建圆形热点区域和多边形热点区域。另外还可以创建指针热点工具。

6.4.3 空链接

微课堂
00分11秒

空链接是指未派对象的链接，用于向页面中的对象或文本附加行为，可以设置空链接的对象包括文本对象、图像对象、热点对象等。下面详细介绍创建空链接的操作方法。

操作步骤 >> **Step by Step**

第1步 选中准备设置链接的文本，在属性面板的【链接】文本框中输入半角状态下的"#"，如图 6-13 所示。

第2步 按 Enter 键即可完成输入空链接的操作，如图 6-14 所示。

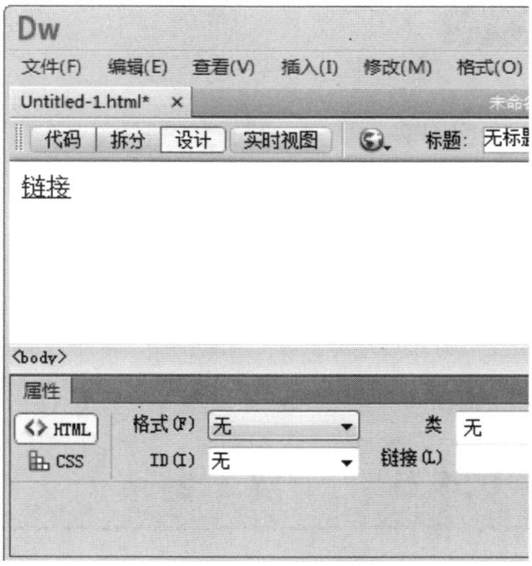

图 6-13

图 6-14

知识拓展

所谓空链接，就是没有目标端点的链接。利用空链接可以激活文件中链接对应的对象和文本，当文本或对象被激活后，可以为之添加行为，例如当光标经过时变换图片或者使某一 Div 显示。

Dreamweaver CC 中文版网页设计与制作

6.4.4　电子邮件链接

微课堂
00分25秒

　　无论是个人网站还是商业网站，经常在网页的最下方留下站长或公司的电子邮件地址，这样当网友对网站有意见或建议时就可以直接单击电子邮件超链接给网站的相关人员发送邮件。下面详细介绍创建电子邮件链接的操作方法。

操作步骤　>>　Step by Step

第1步　将鼠标指针定位于网页文档中，**1.** 在【插入】面板中选择【常用】选项，**2.** 选择【电子邮件链接】选项，如图 6-15 所示。

图 6-15

第3步　通过以上步骤即可完成创建电子邮件链接的操作，如图 6-17 所示。

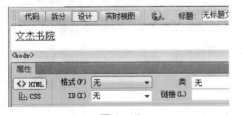

图 6-17

第2步　弹出【电子邮件链接】对话框，**1.** 在【文本】文本框中输入内容，**2.** 在【电子邮件】文本框中输入电子邮件地址，**3.** 单击【确定】按钮，如图 6-16 所示。

图 6-16

■ 指点迷津

　　电子邮件链接是指当用户在浏览器中单击该链接后，不是打开一个网页文件，而是启动用户系统客户端的 E-mail 软件，并打开一个空白的新邮件，供用户撰写内容与网站联系。

6.4.5　脚本链接

微课堂
00分18秒

　　脚本是使用一种特定的描述性语言，依据一定的格式编写的可执行文件，又称作宏或批处理文件。脚本超链接执行 JavaScript 代码或调用 JavaScript 函数。脚本超链接非常有用，能够在不离开当前网页文档的情况下为访问者提供有关某项的附加信息。脚本超链接还可以用于在访问者单击特定项时，执行计算、表单验证和其他处理。下面详细介绍创建脚本链接的操作方法。

操作步骤　>>　Step by Step

第1步　选中图像，在【属性】面板的【链接】文本框中输入 javascript:window.close( )，然后按 Enter 键，如图 6-18 所示。

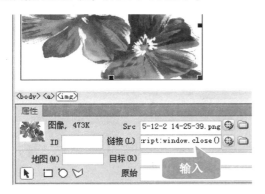

图 6—18

第2步　切换到【代码】视图，可以看到加入脚本的代码，如图 6-19 所示，通过以上步骤即可完成创建脚本超链接的操作。

```
1  <!doctype html>
2  <html>
3  <head>
4  <meta charset="utf-8">
5  <title>无标题文档</title>
6  </head>
7
8  <body>
9  <a href="JavaScript:window.close()"><img src="2015-12-2
   14-25-39.png" width="267" height="165"  alt=""/></a>
10 </body>
11 </html>
12
```

图 6—19

Section

6.5

专题课堂——管理与设置超链接

导读

在 Dreamweaver CC 中，可以对超链接进行管理、检查或自动更新链接。通过管理网页中的超链接，也可以对网页进行相应的管理。本节将详细介绍管理超链接方面的知识。

6.5.1　自动更新链接

为了加快更新过程，Dreamweaver 可创建一个缓存文件，用于存储有关本地文件夹中所有链接的信息。在添加、更改或删除本地站点上的链接时，该缓存文件以不可见的方式进行更新。下面详细介绍设置自动更新链接的操作方法。

Dreamweaver CC 中文版网页设计与制作

操作步骤 >> Step by Step

第1步 启动 Dreamweaver CC 程序，**1.** 单击【编辑】主菜单，**2.** 在弹出的菜单中选择【首选项】菜单项，如图 6-20 所示。

第2步 弹出【首选项】对话框，**1.** 在【分类】列表框中选择【常规】选项，**2.** 在【文档选项】区域中单击【移动文件时更新链接】下拉按钮，从中选择【总是】选项，**3.** 单击【确定】按钮即可完成自动更新链接的操作，如图 6-21 所示。

图 6-20

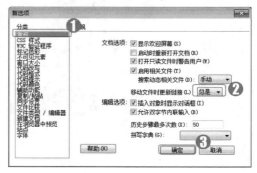

图 6-21

6.5.2　在站点范围内更改链接

微课堂
00 分 37 秒

　　除每次移动或重命名文件时让 Dreamweaver 自动更新链接外，还可以手动更改所有链接(包括电子邮件链接、FTP 链接、空链接和脚本链接)，使其指向其他位置。下面详细介绍在站点范围内更改链接的操作方法。

操作步骤 >> Step by Step

第1步 启动 Dreamweaver CC 程序，在【文件】面板的【本地文件】区域中选择一个文件，如图 6-22 所示。

第2步 **1.** 单击【站点】主菜单，**2.** 在弹出的菜单中选择【改变站点范围的链接】菜单项，如图 6-23 所示。

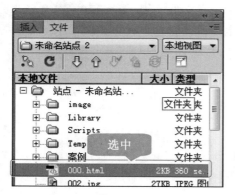

图 6-22

图 6-23

第 3 步 弹出【更改整个站点链接站点-未命名站点 2】对话框，*1.* 在【变成新链接】文本框中输入准备链接的文件，*2.* 单击【确定】按钮，如图 6-24 所示。

图 6-24

第 4 步 弹出【更新文件】对话框，单击【更新】按钮即可完成在站点范围内更改链接的操作，如图 6-25 所示。

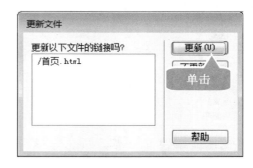

图 6-25

6.5.3 检查站点中的链接错误

微课堂
00 分 24 秒

在 Dreamweaver CC 中制作网页时，还可以检查站点中的链接错误，下面详细介绍检查站点中的链接错误的操作方法。

操作步骤 >> Step by Step

第 1 步 启动 Dreamweaver CC 程序，*1.* 单击【站点】主菜单，*2.* 在弹出的菜单中选择【检查站点范围的链接】菜单项，如图 6-26 所示。

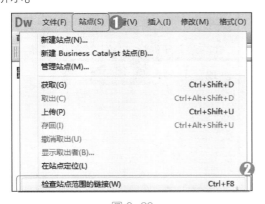

图 6-26

第 2 步 打开【链接检查器】面板，在【显示】选项中包括【断掉的链接】、【外部链接】和【孤立的文件】3 个选项，单击任何一项即可检查相应的信息，如图 6-27 所示。

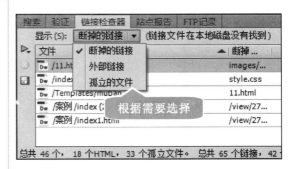

图 6-27

☕ **专家解读**

在【链接检查器】面板中单击【显示】下拉按钮，在弹出的下拉列表中选择【孤立的文件】选项，在下方的列表中即可显示出孤立的文件，选中检查出来的孤立文件，按 Delete 键即可删除。

Dreamweaver CC 中文版网页设计与制作

实践经验与技巧

本节将侧重介绍和讲解与本章知识点有关的实践经验与技巧，主要包括创建锚记链接、创建文件下载链接以及创建音视频链接等方面的知识与操作技巧。

6.6.1　创建锚记链接

微课堂
00分16秒

所谓锚记链接，是指同一个页面中不同位置处的链接。在页面的某个分项内容的标题上设置锚点，然后在页面上设置锚点的链接，那么用户就可以通过链接快速地直接跳转到感兴趣的内容。下面详细介绍创建锚记链接的操作方法。

操作步骤　>>　**Step by Step**

第1步　在【文档】工具栏中单击【拆分】按钮，*1.* 切换到【拆分】视图，*2.* 在代码视图中"链接"后面输入代码"</a><a name="al" id="al"></a>"，如图 6-28 所示。

第2步　单击【文档】工具栏中的【设计】按钮，切换回设计视图，即可在网页中看到刚刚插入的锚记，如图 6-29 所示。

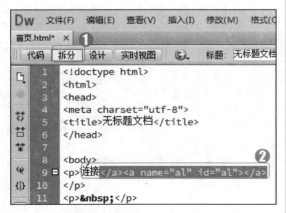

图 6-28

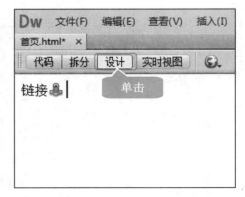

图 6-29

6.6.2　创建文件下载链接

微课堂
00分24秒

在软件和源代码下载网站中，下载链接是必不可少的，该链接可以帮助访问者下载相关的资料。下面将介绍在 Dreamweaver CC 中创建下载链接的方法。

操作步骤　>>　**Step by Step**

第1步　选中网页中需要设置下载链接的元素，在【属性】面板中单击【链接】文本框后的【浏览文件】按钮，如图 6-30 所示。

图 6-30

第3步　在【属性】面板中的【目标】下拉列表框中选择 new 选项，按 Enter 键即可完成操作，如图 6-32 所示。

图 6-32

第2步　弹出【选择文件】对话框，*1.* 选中一个文件，*2.* 单击【确定】按钮，如图 6-31 所示。

图 6-31

6.6.3　创建音视频链接

网页中使用源代码链接音乐或视频文件时，单击链接的同时会自动运行播放软件，从而播放相关内容。如果链接的是 MP3 文件，则单击链接后，将会打开【文件下载】对话框，在该对话框中单击【打开】按钮，就可以听到音乐。下面详细介绍创建音视频链接的操作方法。

操作步骤　>>　**Step by Step**

第1步　选中网页中需要设置音视频链接的元素，在【属性】面板中单击【矩形热点工具】按钮□，如图 6-33 所示。

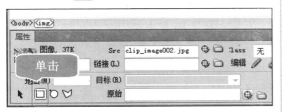

图 6-33

第2步　在图片上拖动鼠标绘制热区，在【属性】面板中单击【链接】文本框后的【浏览文件】按钮，如图 6-34 所示。

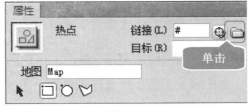

图 6-34

Dreamweaver CC中文版网页设计与制作

第3步 弹出【选择文件】对话框，**1.** 选选中一个文件，**2.** 选单击【确定】按钮，如图 6-35 所示。

图 6-35

第4步 通过以上步骤即可完成创建音视频链接的操作，如图 6-36 所示。

图 6-36

Section 6.7 有问必答

1. 如何检查站点中的外部链接错误？

单击【站点】主菜单，在弹出的菜单中选择【检查站点范围的链接】菜单项，打开【链接检查器】面板，在【显示】下拉列表框中选择【外部链接】选项即可检查外部链接错误。

2. 如何区分绝对路径与相对路径？

绝对路径指包括服务器协议在内的完全路径，相对路径则不包括服务器协议。

3. 如何检查站点中断掉的链接？

单击【站点】主菜单，在弹出的菜单中选择【检查站点范围的链接】菜单项，打开【链接检查器】面板，在【显示】下拉列表框中选择【断掉的链接】选项即可完成操作。

4. 如何检查站点中孤立的文件？

单击【站点】主菜单，在弹出的菜单中选择【检查站点范围的链接】菜单项，打开【链接检查器】面板，在【显示】下拉列表框中选择【孤立的文件】选项即可完成操作。

5. 如何使用 Hyperlink 对话框设置链接？

在【插入】面板中选择【常用】选项，选择 Hyperlink 选项，在弹出的 Hyperlink 对话框中可以设置链接。

第 **7** 章

使用表格布局页面

- ❖ 表格的创建与应用
- ❖ 设置表格和单元格属性
- ❖ 调整表格结构
- ❖ 处理表格数据
- ❖ 专题课堂——数据表格样式

本章主要介绍表格的创建与应用、设置表格和单元格属性、调整表格结构、处理表格数据以及数据表格样式方面的知识与技巧，在本章的最后还针对实际的工作需求，讲解了在表格中插入表格、导出表格数据和导入 Word 文档的方法。通过本章的学习，读者可以掌握使用表格布局页面的知识，为深入学习 Dreamweaver CC 知识奠定基础。

本章
要点

本章主
要内容

Dreamweaver CC 中文版网页设计与制作

Section
7.1　**表格的创建与应用**　

　　　　表格是网页设计中最有用、最常用的工具，除了排列数据和图像外，在网页布局中，表格更多地用于网页对象定位。本节将详细介绍创建表格方面的知识。

7.1.1　**表格的定义与用途**　
微课堂
00 分 33 秒

　　表格是由一些粗细不同的横线和竖线构成的，由横线和竖线相交形成的一个个方格称为单元格。单元格是表格的基本单位，每一个单元格都是一个独立的文本输入区域，可以输入文字和图形，并可单独进行排版和编辑，如图 7-1 所示。

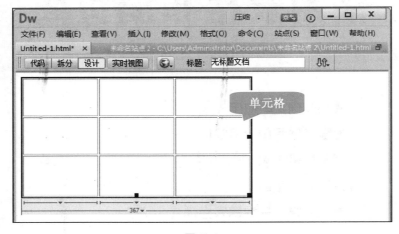

图 7-1

表格的用途包括以下几个方面。

1　**有序地整理页面内容**　　　　　　　　　　　　　　　>>>

　　一般文档中的复杂内容可以利用表格有序地进行整理，在网页中也不例外。在网页文档中利用表格，可以将复杂的页面元素整理得更加有序。

2　**合并页面中的多个图像**　　　　　　　　　　　　　　>>>

　　在制作网页时，有时需要使用较大的图像，在这种情况下最好将图像分割成几个部分以后再插入到网页中，分割后的图像可以利用表格合并起来。

3 构建网页文档的布局 >>>

在制作网页文档的布局时，可以选择是否显示表格。大部分网页的布局都是用表格形成，但由于可以不显示表格边框，因此访问者觉察不到主页的布局由表格形成这一特点。利用表格，可以根据需要拆分或合并文档的空间，随意地布置各种元素。

7.1.2 创建基本表格

表格是制作网页时不可缺少的元素，它以简洁明了和高效快捷的方式将图片、文本、数据和表单等元素有序地显示在页面上。下面详细介绍创建基本表格的方法。

操作步骤 >> Step by Step

第1步 启动 Dreamweaver CC 程序，*1.* 单击【插入】主菜单，*2.* 在弹出的菜单中选择【表格】菜单项，如图 7-2 所示。

图 7-2

第3步 通过以上步骤即可完成创建表格的操作，如图 7-4 所示。

图 7-4

第2步 弹出【表格】对话框，*1.* 在【行数】和【列】文本框中输入数值，*2.* 在【表格宽度】文本框中输入数值，*3.* 在【边框粗细】文本框中输入数值，*4.* 单击【确定】按钮，如图 7-3 所示。

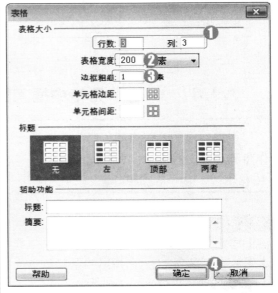

图 7-3

【表格】对话框中各项的功能如下。

➢ 【行数】和【列】文本框：用来设置表格的行数和列数。

➢ 【表格宽度】文本框：用来设置表格的宽度，可以填入数值。紧随其后的下拉按钮用来设置宽度的单位，有两个选项，即百分比和像素。当宽度的单位选择百分比时，表格的宽度会随浏览器窗口的大小而改变。

Dreamweaver CC 中文版网页设计与制作

➤ 【边框粗细】文本框：用来设置表格边框的宽度。
➤ 【单元格边距】文本框：用来设置单元格内部空白的大小。
➤ 【单元格间距】文本框：用来设置单元格与单元格之间的距离。
➤ 【标题】文本框：定义表格的标题。
➤ 【摘要】列表框：可以在这里对表格进行注释。

7.1.3 向表格中输入文本

在表格中输入文本与在文档中输入文本的方法相同。将鼠标指针定位在准备输入文本的单元格中，选择需要的输入法，输入相关文本文字，如果文本超出了单元格的大小，单元格会自动扩展，如图 7-5 所示。

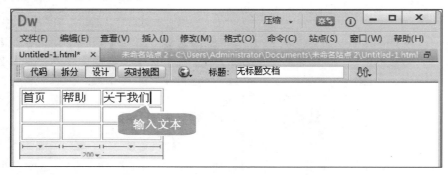

图 7-5

7.1.4 在单元格中插入图像

在表格中插入图像的方法与在网页文档中插入图像的方法相同，下面详细介绍具体操作步骤。

操作步骤 >> **Step by Step**

第1步 将鼠标指针定位在单元格中，**1.** 单击【插入】主菜单，**2.** 在弹出的菜单中选择【图像】菜单项，**3.** 在弹出的子菜单中选择【图像】菜单项，如图 7-6 所示。

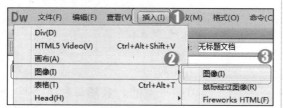

图 7-6

第2步 弹出【选择图像源文件】对话框，**1.** 选择准备插入的图像，**2.** 单击【确定】按钮，如图 7-7 所示。

图 7-7

第 3 步　通过以上步骤即可完成插入图像的操作，如图 7-8 所示。

图 7-8

■ 指点迷津

　　在表格中插入图像后，如果图像大小超出了单元格大小，单元格会自动扩展以适应图像大小，不用再另行调整。

知识拓展

　　在 Dreamweaver CC 中除了使用菜单创建表格以外，用户还可以使用【插入】面板创建表格。在【插入】面板中选择【常用】选项，在【常用】选项下选择【表格】选项，同样也能弹出【表格】对话框。

Section 7.2　设置表格和单元格属性

导读　　对于插入的表格，可以进行一定的设置，通过设置表格和单元格属性能够满足网页设置的需要。本节将详细介绍设置表格以及单元格属性方面的知识。

7.2.1　设置表格属性

微课堂 00 分 12 秒

　　在文档中插入表格之后选中当前表格，在【属性】面板中可以对表格进行相关设置，如图 7-9 所示。

图 7-9

　　在表格【属性】面板中可以设置以下参数。

➢　【行】文本框：在该文本框中可以设置表格的行数。

➢　Cols 文本框：在该文本框中可以设置表格的列数。

Dreamweaver CC 中文版网页设计与制作

➢ 【宽】文本框：在该文本框中可以设置表格的宽度。单击文本框右侧的下拉按钮，在弹出的下拉列表框中可以选择表格宽度的单位。

➢ Align 下拉列表框：单击右侧的下拉按钮，在弹出的下拉列表框中可以设置表格相对于同一段落中其他元素的显示位置，共有【默认】、【左对齐】、【右对齐】和【居中对齐】4 个选项。

➢ Class 下拉列表框：在该下拉列表框中可以将 CSS 规则应用于对象。

➢ Border 文本框：在该文本框中可以设置表格边框宽度的数值。

➢ 表格设置区域：其中包括【清除列宽】按钮，用于清除表格中设置的列宽；【将表格宽度设置成像素】按钮，用于将当前表格的宽度单位转换为像素；【将表格当前宽度转换成百分比】按钮，用于将当前表格的宽度单位转换为文档窗口的百分比单位；【清除行高】按钮，用于清除表格中设置的行高。

7.2.2 设置单元格属性

在 Dreamweaver CC 中，不但可以设置整个表格的属性，还可以设置每个单元格的属性。将鼠标指针定位在任意单元格内，即可切换至单元格【属性】面板，如图 7-10 所示。

图 7-10

在单元格【属性】面板中可以设置以下参数。

➢ 【不换行】复选框：选中该复选框，可以将单元格中所输入的文本显示在同一行，防止文本换行。

➢ 【标题】复选框：选中该复选框，可以将单元格中的文本设置为表格的标题。默认情况下，表格标题显示为粗体。

➢ 【水平】下拉列表框：单击右侧的下拉按钮，在弹出的下拉列表框中选择任意选项用于设置单元格内容的水平对齐方式。

➢ 【垂直】下拉列表框：单击右侧的下拉按钮，在弹出的下拉列表框中选择任意选项用于设置单元格内容的垂直对齐方式。

➢ 【宽】和【高】文本框：在【宽】和【高】文本框中输入表格宽度和高度的数值。

➢ 【背景颜色】按钮：单击该按钮，在弹出的颜色调板中，可以选择相应的色块来设置单元格的背景颜色。

知识拓展

在单元格的【属性】面板中，CSS 选项卡与 HTML 选项卡的主要区别在于：在 CSS 选项卡中设置的属性会生成相应的 CSS 样式表应用于单元格；而在【HTML】选项卡中设置的属性会直接在单元格标记中写入相关的属性设置。

Section 7.3 调整表格结构

导读 在 Flash CC 中，场景是专门用来容纳图层里面各种对象的地方，单独的场景可以用于简介、出现的消息以及片头片尾字幕等。本节将详细介绍场景动画方面的知识。

7.3.1 选择单元格和表格

微课堂 00分33秒

在 Dreamweaver CC 中编辑表格之前，需要先将其选中，下面详细介绍几种选择表格及单元格的操作方法。

1 选择表格 »»»

可以使用菜单选择表格，具体操作步骤如下。

操作步骤 >> Step by Step

第1步 绘制表格后，**1.** 单击【修改】主菜单，**2.** 在弹出的菜单中选择【表格】菜单项，**3.** 在弹出的子菜单中选择【选择表格】菜单项，如图 7-11 所示。

第2步 通过以上步骤即可完成选择表格的操作，如图 7-12 所示。

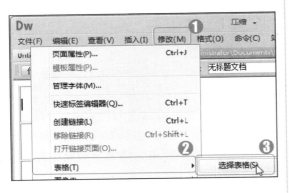

图 7-11

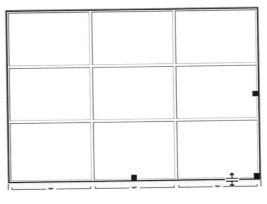

图 7-12

2 选择单元格 »»»

在 Dreamweaver CC 中，还可以选择一个或几个单元格，下面详细介绍几种选择单元

Dreamweaver CC中文版网页设计与制作

格的方法。

(1) 选择单个单元格：将鼠标指针移动到表格区域中，当指针变成▯形状时单击，即可选中所需要的单元格，如图 7-13 所示。

(2) 选择不连续的单元格：将鼠标指针移动到表格区域，按住 Ctrl 键，当鼠标指针变成▯形状时单击，即可选择多个不连续的单元格，如图 7-14 所示。

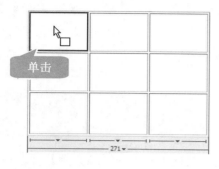

图 7−13

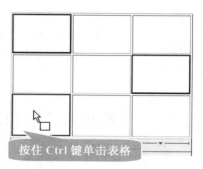

图 7−14

(3) 选择连续单元格：将鼠标指针定位于单元格内，单击并拖动鼠标，即可选择连续的单元格，如图 7-15 所示。

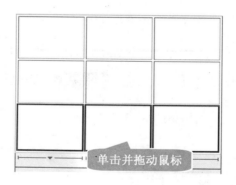

图 7−15

7.3.2 　调整单元格和表格的大小

微课堂
00 分 34 秒

所谓调整表格大小，指的是更改表格的整体高度和宽度。当调整整个表格的大小时，表格中的所有单元格按比例更改大小。下面详细介绍调整表格和单元格大小的操作方法。

1　调整表格大小

当用户选中网页中的表格后，在表格右下角区域将显示 3 个控制点，通过拖动这 3 个控制点可以将表格横向、纵向或者整体放大，具体操作方法有以下几种。

将鼠标指针放在右侧的选择控制点上，指针显示为水平调整指针 ◆▮▶，拖动鼠标可以在水平方向上调整表格的大小，如图 7-16 所示；将鼠标指针放在底部的选择控制点上，光标显示为垂直调整指针，拖动鼠标可以在垂直方向上调整表格的大小，如图 7-17 所示。

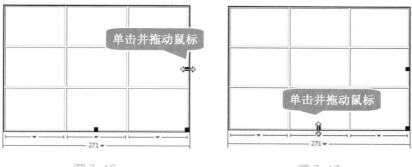

图 7-16　　　　　　　　　　　　图 7-17

　　将鼠标指针放在右下角的选择控制点上，指针显示为沿对角线调整指针，拖动鼠标可以同时在水平和垂直两个方向调整表格的大小，如图 7-18 所示。

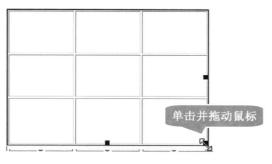

图 7-18

2　调整单元格大小

　　选中准备调整大小的单元格，在【属性】面板的【宽】和【高】文本框中输入新的数值，按 Enter 键即可完成调整单元格大小的操作，如图 7-19 所示。

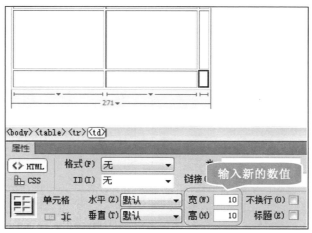

图 7-19

Dreamweaver CC中文版网页设计与制作

7.3.3 插入与删除表格的行和列

01分11秒

如果表格对象的单元格区域不足或多余，可以对表格对象进行增加或删除行和列的操作，下面详细介绍操作方法。

1 插入行与列

插入行与列的操作可以在【修改】菜单中进行，具体操作步骤如下。

操作步骤 >> Step by Step

第1步 绘制一个 3 行 3 列的表格，将鼠标指针放置在单元格中，**1.** 单击【修改】主菜单，**2.** 在弹出的菜单中选择【表格】菜单项，**3.** 在弹出的子菜单中选择【插入行】菜单项，如图 7-20 所示。

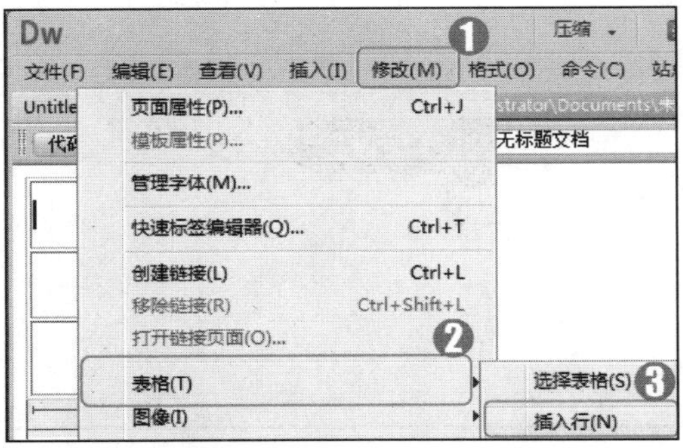

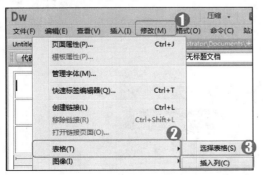

图 7-20

第2步 可以看到表格变为 4 行 3 列，通过以上步骤即可完成插入行的操作，如图 7-21 所示。

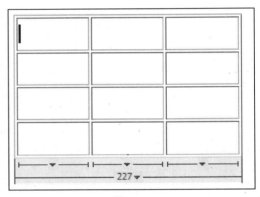

图 7-21

第3步 将鼠标指针放置在第二列的单元格中，**1.** 单击【修改】主菜单，**2.** 在弹出的菜单中选择【表格】菜单项，**3.** 在弹出的子菜单中选择【插入列】菜单项，如图 7-22 所示。

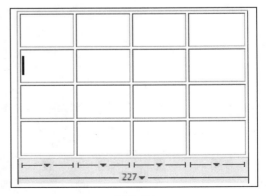

图 7-22

第4步 可以看到表格变为 4 行 4 列，通过以上步骤即可完成插入列的操作，如图 7-23 所示。

图 7-23

2　删除行与列

删除行与列的操作与插入行与列类似，都是在【修改】菜单中完成的，下面介绍详细的操作方法。

操作步骤 >> Step by Step

第 1 步 　绘制一个 4 行 4 列的表格，将鼠标指针放置在任意的单元格中，**1.** 单击【修改】主菜单，**2.** 在弹出的菜单中选择【表格】菜单项，**3.** 在弹出的子菜单中选择【删除行】菜单项，如图 7-24 所示。

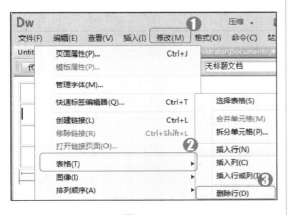

图 7-24

第 2 步 　可以看到表格变为 3 行 4 列，通过以上步骤即可完成删除行的操作，如图 7-25 所示。

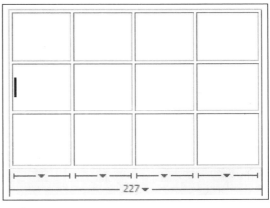

图 7-25

第 3 步 　将鼠标指针放置在任意单元格中，**1.** 单击【修改】主菜单，**2.** 在弹出的菜单中选择【表格】菜单项，**3.** 在弹出的子菜单中选择【删除列】菜单项，如图 7-26 所示。

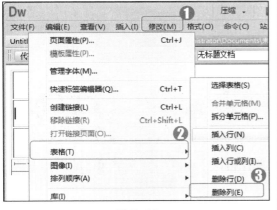

图 7-26

第 4 步 　可以看到表格变为 3 行 3 列，通过以上步骤即可完成删除列的操作，如图 7-27 所示。

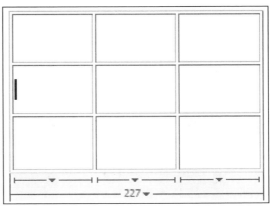

图 7-27

Dreamweaver CC 中文版网页设计与制作

7.3.4　拆分单元格

微课堂　00 分 30 秒

在制作表格的过程中，可以对单元格进行拆分，从而达到理想的效果。下面详细介绍拆分单元格的操作。

操作步骤　>>　Step by Step

第1步　绘制一个 3 行 3 列的表格，将鼠标指针放置在第一行的单元格中，**1.** 单击【修改】主菜单，**2.** 在弹出的菜单中选择【表格】菜单项，**3.** 在弹出的子菜单中选择【拆分单元格】菜单项，如图 7-28 所示。

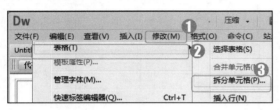

图 7-28

第2步　弹出【拆分单元格】对话框，**1.** 在【把单元格拆分】区域选择【行】单选按钮，**2.** 在【行数】微调框中输入数值，**3.** 单击【确定】按钮，如图 7-29 所示。

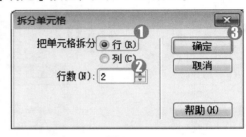

图 7-29

第3步　通过以上步骤即可完成拆分单元格的操作，结果如图 7-30 所示。

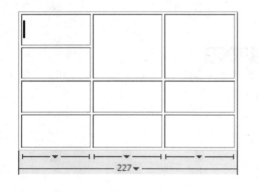

图 7-30

■ 指点迷津

在【拆分单元格】对话框中，选择【列】单选按钮，即可纵向拆分鼠标指针所在的单元格；选择【行】单选按钮，则可以横向拆分鼠标指针所在的单元格。【行/列数】微调框用来设置将单元格拆分为几个新的单元格。

7.3.5　合并单元格

微课堂　00 分 19 秒

合并单元格就是将多个单元格合并成一个单元格，下面介绍合并单元格的操作方法。

操作步骤　>>　**Step by Step**

第1步　选中准备合并的单元格，**1.** 单击【修改】主菜单，**2.** 在弹出的菜单中选择【表格】菜单项，**3.** 在弹出的子菜单中选择【合并单元格】菜单项，如图 7-31 所示。

第2步　可以看到被选中的 4 个单元格已经合并成 1 个单元格，通过以上步骤即可完成合并单元格的操作，如图 7-32 所示。

图 7-31

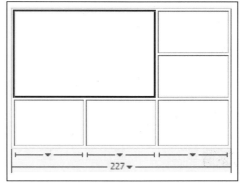

图 7-32

7.3.6　复制、剪切和粘贴表格

微课堂

00分48秒

用户还可以对网页中的表格进行剪切、复制和粘贴的操作，下面详细介绍其操作方法。

1　复制、粘贴表格

复制表格的方法与复制文本对象的方法相同，下面详细介绍复制、粘贴表格的方法。

操作步骤　>>　**Step by Step**

第1步　选中表格，**1.** 单击【编辑】主菜单，**2.** 在弹出的菜单中选择【拷贝】菜单项，如图 7-33 所示。

第2步　将鼠标指针定位在准备复制表格的位置，**1.** 单击【编辑】主菜单，**2.** 在弹出的菜单中选择【粘贴】菜单项，如图 7-34 所示。

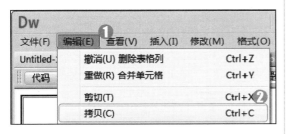

图 7-33

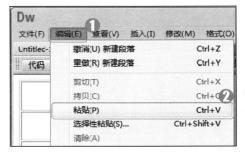

图 7-34

Dreamweaver CC 中文版网页设计与制作

第3步 通过上述步骤即可完成复制粘贴表格的操作，如图 7-35 所示。

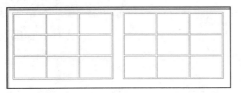

图 7-35

■ **指点迷津**

除了使用菜单进行复制、粘贴操作外，还可以选中表格后使用快捷键 Ctrl+C 进行复制，然后将指针定位在准备复制的位置，按快捷键 Ctrl+V 进行粘贴。

---

2 剪切、粘贴表格 　　　　　　　　　　　　　　　　　　　　 >>>

剪切表格的方法与剪切文本对象的方法相同，下面详细介绍其操作方法。

操作步骤 >> Step by Step

第1步 选中表格，*1.* 单击【编辑】主菜单，*2.* 在弹出的菜单中选择【剪切】菜单项，如图 7-36 所示。

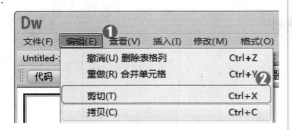

图 7-36

第2步 将鼠标指针定位在准备粘贴表格的位置，*1.* 单击【编辑】主菜单，*2.* 在弹出的菜单中选择【粘贴】菜单项，如图 7-37 所示。

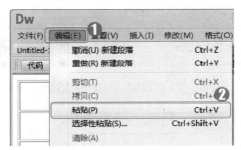

图 7-37

第3步 通过上述操作即可完成剪切粘贴表格的操作，如图 7-38 所示。

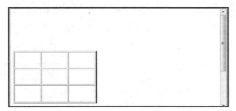

图 7-38

■ **指点迷津**

除了使用菜单进行剪切、粘贴操作外，还可以选中表格后使用快捷键 Ctrl+X 进行剪切，然后将指针定位在准备剪切的位置，按快捷键 Ctrl+V 进行粘贴。

⚙ **知识拓展**

选中整个表格后，右击，在弹出的快捷菜单中选择【复制】或【剪切】菜单项，将鼠标指针定位在准备复制或粘贴的位置，再次右击，在弹出的快捷菜单中选择【粘贴】菜单项即可完成复制/剪切、粘贴表格的操作。

Section 7.4 处理表格数据

导读 Dreamweaver CC 还提供了对表格数据处理的方法,包括排序表格和导入导出表格数据等。本节将详细介绍处理表格数据方面的知识。

7.4.1 导入 Excel 文档

微课堂 00 分 33 秒

Dreamweaver CC 支持将在另一个应用程序(如 Microsoft Excel)中创建并以分隔文本的格式(其中的项以制表符、逗号、冒号、分号隔开)保存的表格式数据导入 Dreamweaver 中,并设置为表格格式。下面详细介绍导入表格数据的操作方法。

操作步骤 >> **Step by Step**

第 1 步 启动 Dreamweaver CC 程序,**1.** 单击【文件】主菜单,**2.** 在弹出的菜单中选择【导入】菜单项,**3.** 在弹出的子菜单中选择【Excel 文档】菜单项,如图 7-39 所示。

第 2 步 弹出【导入 Excel 文档】对话框,**1.** 选择准备导入的表格,**2.** 单击【打开】按钮,如图 7-40 所示。

图 7-39

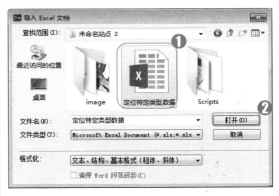

图 7-40

第 3 步 通过上述操作即可完成导入Excel 文档的操作,如图 7-41 所示。

销售表			
月份	长春店	沈阳店	哈尔滨店	总销售量
1月份	3500	4301	4401	12202
2月份	3600	4561	4555	12716
3月份	2800	3000	3000	8800
4月份	2894	2999	3000	8893
5月份	2874	3001	3200	9075
6月份	6910	7812	7800	22522

图 7-41

■ 指点迷津

在 Dreamweaver CC 中,除了可以导入 Excel 文档外,还可以导入 Word 文档、导入表格式数据以及导入 XML 到模板。

Dreamweaver CC 中文版网页设计与制作

7.4.2 排序表格

排序表格一般是针对具有格式数据的表格而言，Dreamweaver CC 可以方便地将表格内的数据排序，下面详细讲解其操作方法。

操作步骤 >> **Step by Step**

第 1 步 选中表格，*1.* 单击【命令】主菜单，*2.* 在弹出的菜单中选择【排序表格】菜单项，如图 7-42 所示。

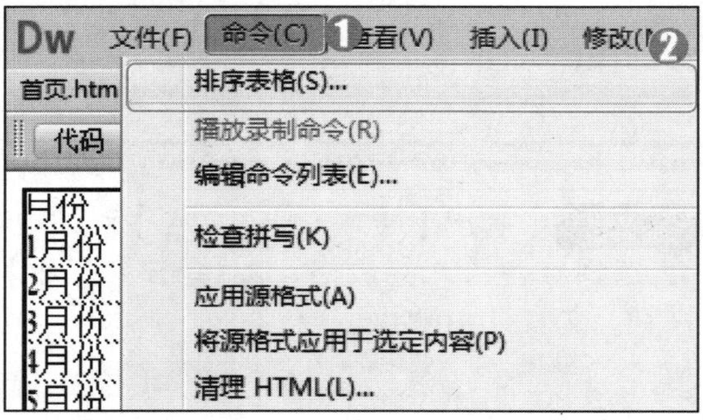

第 2 步 弹出【排序表格】对话框，*1.* 在【排序按】下拉列表框中选择【列 5】选项，*2.* 在【顺序】下拉列表框中选择【按数字顺序】选项，*3.* 在后面的下拉列表框中选择【降序】选项，*4.* 单击【确定】按钮，如图 7-43 所示。

图 7-42

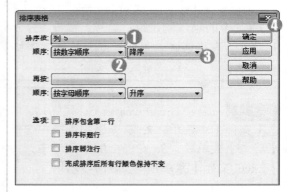

图 7-43

第 3 步 通过上述操作即可完成排序表格的操作，如图 7-44 所示。

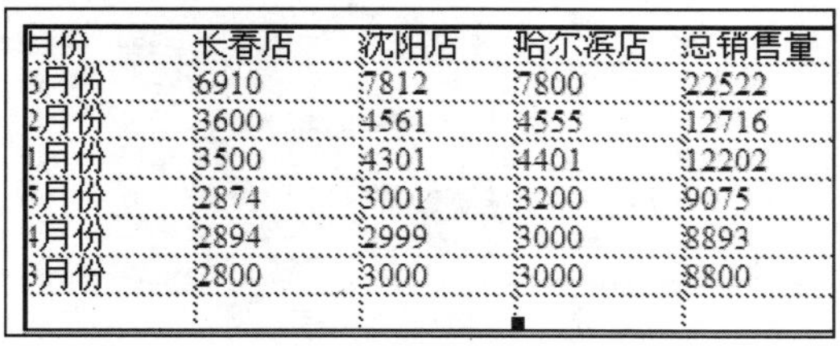

月份	长春店	沈阳店	哈尔滨店	总销售量
5月份	6910	7812	7800	22522
2月份	3600	4561	4555	12716
1月份	3500	4301	4401	12202
3月份	2874	3001	3200	9075
4月份	2894	2999	3000	8893
6月份	2800	3000	3000	8800

图 7-44

■ **指点迷津**

如果数据按一个条件排序有并列的现象，那么可以在【排序表格】对话框的【再按】区域再设置一个排序条件，这样就能保证不出现并列的数据。

⚛ **知识拓展**

在【排序表格】对话框中，【排序包含第一行】复选框用来设置是否从表格第一行开始排序；【排序标题行】复选框用来指定使用与 body 行相同条件对表格 thead 部分中的所有行进行排序；【排序脚注行】复选框用来指定使用与 body 行相同条件对表格 tfoot 部分中的所有行进行排序；【完成排序后所有行颜色保持不变】复选框用来指定排序之后表格行属性应该保持与相同内容的关联。

Section
7.5

专题课堂——数据表格样式

导读　数据表格样式包括表格模型、表格标题以及表格样式控制 3 部分内容。本节将详细介绍使用数据表格样式方面的知识。

7.5.1　表格模型

微课堂
00 分 27 秒

　　HTML 表格通过<table>标签定义，用户在<table>的打开和关闭标签之间可以发现许多由<tr>标签指定的表格行。表格的每一行由一个或多个表格单元格组成。表格单元格可以是表格数据<td>，也可以是表格标题<th>，通常将表格标题视为表达对应表格数据单元的某种信息。

　　通过使用 thead、tbody 和 tfoot 元素将表格行聚集为组，得以构建更复杂的表格。每个标签定义包含一个或多个表格行，并且将它们标识为一个组的盒子。thead 标签用于指定表格标题行，如果打印的表格超过一页纸，thead 应该在每个页面的顶端重复。tfoot 是表格内容的补充，它是一组作为脚注的行，如果表格横跨多个页面，也应该重复。通常用 tbody 标签标记表格的正文部分，将相关行集合在一起，表格可以有一个或多个 tbody 部分。

　　下面是一个包含表格行组的数据表格，其代码如下。

```
<table width="570" height="217" border="1">
 <tr>
  <tr>
   <td colspan="5" scope="col">本周安排</th>
  </tr>
  <tr>
   <td>星期一</td>
   <td>星期二</td>
   <td>星期三</td>
   <td>星期四</td>
   <td>星期五</td>
  </tr>
  <tr>
   <td>学习</td>
   <td>美术</td>
   <td>休息</td>
   <td>音乐</td>
   <td>美术</td>
  </tr>
  <tr>
   <td>上课</td>
```

Dreamweaver CC 中文版网页设计与制作

```
        <td>书法</td>
        <td>上课</td>
        <td>休息</td>
        <td>学习</td>
    </tr>
</table>
</body>
```

按 F12 键即可在浏览器中浏览表格，如图 7-45 所示。

图 7-45

7.5.2   表格标题

通过<caption>标签可以直接为表格添加标题，而且可以控制标题文字的排列属性。<caption>标签必须紧随<table>标签之后，只能对每个表格定义一个标题，通常这个标题在表格上方居中显示。

图 7-46 所示是一段表格标题的代码，在浏览器中预览页面的效果如图 7-47 所示。

```
<table border="3"bordercolor="#336699"width=
"400"height="100"align="center">
    <caption>在HTML代码中插入表格</caption>
    <tr>
            <td>网页制作软件</td>
            <td>Dreamweaver</td>
    </tr>
    <tr>
            <td>网页图像软件</td>
            <td>Photoshop</td>
    </tr>
    <tr>
            <td>网页动画软件</td>
            <td>Flash</td>
    </tr>
</table>
```

图 7-46   图 7-47

 专家解读

在最新发布的 HTML5 中将不再支持<table>、<td>、<tr>以外的表格标签，用户在学习表格时要抱着了解的态度学习，要对表格的每个标签熟练掌握、清晰记忆。

7.5.3 表格样式控制

微课堂
00分54秒

在 Dreamweaver CC 中，通过表格样式控制，可以对表格进行相应的设置。下面详细介绍表格样式控制方面的知识。

1 <table-layout>标签

<table-layout>标签是指设置或检索表格的布局算法。其中包括<auto>和<fixed>。

auto：默认值，默认的自动算法，布局将基于各单元格的内容，表格在每个单元格内的所有内容都读取计算之后才会显示出来。

fixed：固定布局的算法，在这种算法中，表格和列的宽度决取于 col 对象的宽度总和。假如没有指定，则取决于第一行每个单元格的宽度；假如表格没有指定宽度(width)属性，则表格被呈递的默认宽度为 100%。

2 <col>标签

<col>标签指定基于列的表格默认属性，使用 span 属性可以指定 COLGROUP 定义的表格列数，该属性的默认值为1。

3 <COLGPOUP>标签

<COLGPOUP>标签指定表格中一列或一组列的默认属性，使用 span 属性可以指定 COLGROUP 定义的表格列数，该属性的默认值为1。

4 <border-collapse>标签

设置或检索表格的行和单元格的边是合并在一起还是按照标准的 HTML 样式分开，语法包括<seperate>和<collapse>，其中前者是默认值。

Section 7.6 实践经验与技巧

导读

本节将侧重介绍和讲解与本章知识点有关的实践经验与技巧，主要包括在表格中插入表格、制作网页细线表格等方面的知识与操作技巧。

Dreamweaver CC 中文版网页设计与制作

7.6.1 在表格中插入表格

在表格中添加表格的操作非常简单，只需要根据设计要求选定单元格，然后插入表格即可。下面详细介绍在表格中插入表格的操作方法。

操作步骤 >> **Step by Step**

第 1 步　将鼠标指针定位在准备插入表格的单元格中，**1.** 单击【插入】主菜单，**2.** 在弹出的菜单中选择【表格】菜单项，如图 7-48 所示。

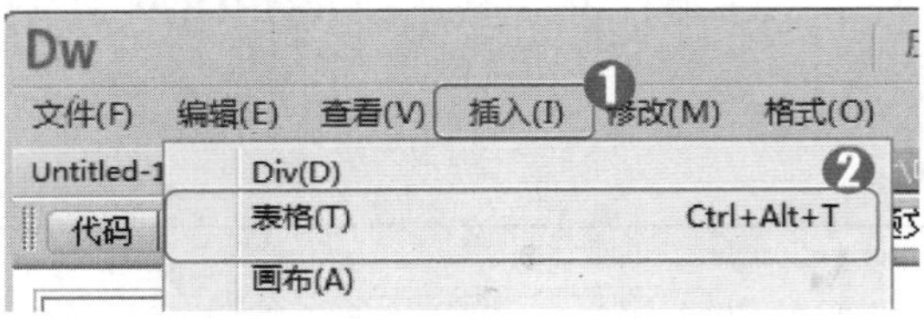

第 2 步　弹出【表格】对话框，**1.** 在【行数】文本框中输入 2，**2.** 在【列】文本框中输入 2，**3.** 单击【确定】按钮，如图 7-49 所示。

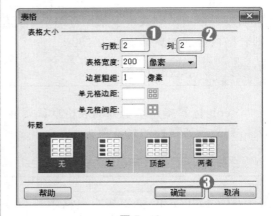

图 7-49

图 7-48

第 3 步　通过上述操作即可完成在表格中插入表格的操作，如图 7-50 所示。

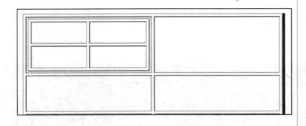

图 7-50

7.6.2 导出表格数据

在 Dreamweaver CC 中，用户可以将网页中的表格数据导出，下面详细介绍导出表格数据的操作方法。

操作步骤 >> Step by Step

第1步 选中表格，**1.** 单击【文件】主菜单，**2.** 在弹出的菜单中选择【导出】菜单项，**3.** 在弹出的子菜单中选择【表格】菜单项，如图 7-51 所示。

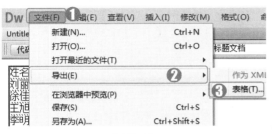

图 7-51

第2步 弹出【导出表格】对话框，单击【导出】按钮，如图 7-52 所示。

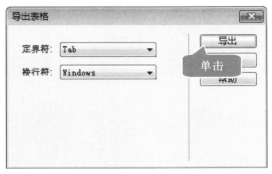

图 7-52

第3步 弹出【表格导出为】对话框，**1.** 在【文件名】文本框中输入名称，**2.** 单击【保存】按钮，如图 7-53 所示。

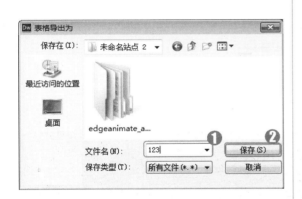

图 7-53

第4步 打开网页所在的站点文件夹，即可看到刚刚导出的表格，如图 7-54 所示。

图 7-54

7.6.3 导入 Word 文档

在 Dreamweaver CC 中，用户还可以导入 Word 文档，下面详细介绍在 Dreamweaver CC 中导入 Word 文档的方法。

Dreamweaver CC 中文版网页设计与制作

操作步骤 >> **Step by Step**

第1步　新建文件，*1.* 单击【文件】主菜单，*2.* 在弹出的菜单中选择【导入】菜单项，*3.* 在弹出的子菜单中选择【Word 文档】菜单项，如图 7-55 所示。

第2步　弹出【导入 Word 文档】对话框，*1.* 选择准备导入的文档，*2.* 单击【打开】按钮，如图 7-56 所示。

图 7-56

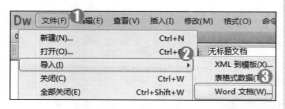

图 7-55

第3步　通过以上步骤即可完成导入 Word 文档的操作，如图 7-57 所示。

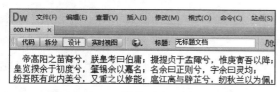

图 7-57

Section 7.7 有问必答

1. 在 Dreamweaver CC 中，如何导入表格式数据？

选中表格，执行【文件】→【导入】→【表格式数据】命令，打开【导入表格式数据】对话框，选中准备导入的文件，单击【打开】按钮，返回到【导入表格式数据】对话框，单击【确定】按钮即可完成导入表格式数据的操作。

2. 如何对表格中的一部分内容进行排序？

先选中表格中相应的内容后再打开【排序表格】对话框，进行相应的表格排序设置即可。

3. 如何选中表格中的某一行或某一列?

将鼠标指针移至表格的上边缘位置，当鼠标指针显示为向下的箭头时，单击鼠标即可选中某一列表格；将鼠标指针移至表格的左边缘位置，当鼠标指针显示为向右的箭头时，单击鼠标即可选中某一行表格。

4. Web 浏览器如何显示表格?

Web 浏览器通过基于浏览器对表格标签理解的默认样式设计显示表格。单元格之间或者表格周围通常没有边框；表格数据单元格使用普通文本，左对齐；表格标题单元格居中对齐，并设置为粗体字体；标题在表格中间。

5. 在 HTML 语法中，表格主要由哪几个标签构成?

在 HTML 语法中，表格主要通过表格标签(<table></table>)、行标签(<tr></tr>)和单元格标签(<td></td>)构成。

第 8 章

应用 CSS 样式美化网页

本章
要点

❖ 什么是 CSS 样式表
❖ 使用【CSS 设计器】面板
❖ CSS 选择器的类型
❖ 专题课堂——设置 CSS 样式

本章主
要内容

　　本章主要介绍什么是 CSS 样式表、使用【CSS 设计器】面板、CSS 选择器的类型以及设置 CSS 样式方面的知识与技巧，在本章的最后还针对实际的工作需求，讲解了 CSS 静态过滤器、样式冲突、内联 CSS 样式等内容。通过本章的学习，读者可以掌握应用 CSS 样式美化网页的知识，为深入学习 Dreamweaver CC 知识奠定基础。

Dreamweaver CC 中文版网页设计与制作

什么是 CSS 样式表

CSS 是一种网页制作的新技术,运用 CSS 样式可以对若干个网页所有的样式进行控制。本节将详细介绍 CSS 样式表方面的知识。

8.1.1   认识 CSS

微课堂
00 分 20 秒

CSS(Cascading Style Sheet)中文译为"层叠样式表"或"级联样式表",是一种对 Web 文档添加样式的简单机制,也是一种表现 HTML 或 XML 等文件样式的计算机语言,其定义是由 W3C(the World Wide Web Consortium)来维护的。

网页设计最初使用 HTML 标签来定义页面文档及格式,但这些标签不能满足更多的文档样式需求,为了解决这个问题,在 1997 年 W3C 颁布 HTML4 标准的同时发布了有关 CSS 样式的第一个标准——CSS1。在 CSS1 版本之后,又在 1998 年 5 月发布了 CSS 2.0 版本, CSS 样式得到了更多的充实。

随着互联网的发展,网页的表现方式更加多样化,需要新的 CSS 规则来适应网页的发展,所以在最近几年 W3C 已经开始着手 CSS 3.0 标准的制定。

CSS 是网页排版和风格设计的重要工具。在新式网页中,CSS 是相当重要的一环,它用来弥补 HTML 规格中的不足,也让网页设计更加灵活。可以说,CSS 是为了帮助简化和整理在使用 HTML 标签制作页面的过程中那些烦琐的方式以及杂乱无章的代码而被开发出来的。CSS 样式表有以下特点。

➢ 可以将网页的显示控制与显示内容分离。
➢ 能更有效地控制页面的布局。
➢ 可以制作出体积更小、下载更快的网页。
➢ 可以更快、更方便地维护及更新大量的网页。

8.1.2   CSS 样式的类型

微课堂
00 分 11 秒

CSS 样式的类型包括自定义 CSS(类样式)、重定义标签的 CSS 和 CSS 选择器样式(高级样式),下面详细介绍 CSS 样式的各种类型。

1   自定义 CSS(类样式)   >>>

自定义样式最大的特点就是具有可选择性,可以自由决定该将样式应用于哪些元素。就文本操作而言,可以选择一个字、一行、一段乃至整个页面中的文本添加自定义的样式。

2　**重定义标签的 CSS**　>>>

重定义标签的 CSS 实际上是重新定义了现有 HTML 标签的默认属性，具有全局性。一旦对某个标签重新定义样式，页面中所有该标签都会按 CSS 的定义显示。但是值得注意的是，只有成对出现的 HTML 标签(如<td></td>)才能进行重定义，单个标签(如<hr>)不能进行重定义。

3　**CSS 选择器样式(高级样式)**　>>>

CSS 选择器样式可以用来控制标签属性，通常用来设置链接文字的样式。对链接文字的控制有以下 4 种类型。

➢ "a:link"(链接的初始状态)：用于定义链接的常规状态。

➢ "a:hover"(鼠标指向的状态)：如果定义了这种状态，当鼠标指针移到链接上时，即按该定义显示，用于增强链接的视觉效果。

➢ "a:visited"(访问过的链接)：为了能正确区分已经访问过的链接，对已经访问过的链接按此定义显示。"a:visited"的显示方式要不同于普通文本及链接的其他状态。

➢ "a:active"(在链接上按下鼠标时的状态)：用于表现鼠标按下时的链接状态。实际中应用较少。如果没有特别的需要，可以定义成与 "a:link" 或 "a:hover" 状态相同。

8.1.3　**CSS 样式的基本语法**

微课堂
00 分 06 秒

CSS 样式规则由两部分组成：选择器和声明(大多数情况写为包含多个声明的代码块)。选择器是标识已设置格式元素的术语，如 p、hl、类名称或 ID；而声明块则用于定义样式属性。每个声明都由属性和值两部分组成。因此，CSS 的基本语法包括选择器(Selector)、属性(Property)和属性值(Value)。

基本的 CSS 样式写法如下。

CSS 选择器{属性 1：属性值 1；属性 2：属性值 2；属性 3：属性值 3；…}

在大括号中，使用属性名和属性值这对参数定义选择器的样式。

样式存放在与要设置格式的实际文本分离的位置，通常在外部样式表或 HTML 文档的文件头部分中。因此，可以将 hl 标签的某个规则依次应用于许多标签。

⊙ **知识拓展**

HTML 中所有的标签都可以作为选择器。如果需要添加多个属性，在两个属性之间要使用分号隔开；如果需要将相同的属性和属性值赋予多个选择器，选择器之间要使用逗号隔开。

Dreamweaver CC 中文版网页设计与制作

Section 8.2 使用【CSS 设计器】面板

导读 在 Dreamweaver CC 中，用户可以利用【CSS 设计器】面板在页面中创建或附加 CSS 样式表，并设定其媒体查询、选择器以及具体的属性。本节将详细介绍如何使用【CSS 设计器】面板。

8.2.1 认识【CSS 设计器】面板

微课堂
00分10秒

在 Dreamweaver CC 中，对 CSS 样式的创建进行了较大的改变，改变了以前版本中通过对话框进行设置的方式，将 CSS 样式的创建与管理集成在一个全新的【CSS 设计器】面板中。

【CSS 设计器】面板是一个 CSS 样式集成化面板，也是 Dreamweaver CC 中非常重要的一个面板。该面板支持可视化地创建和管理网页中的 CSS 样式，下面详细介绍打开该面板的操作方法。

操作步骤 >> Step by Step

第 1 步 启动 Dreamweaver CC 程序，**1.** 单击【窗口】主菜单，**2.** 在弹出的菜单中选择【CSS 设计器】菜单项，如图 8-1 所示。

站点(S)	窗口(W)	帮助(H)	
	插入(I)	Ctrl+F2	
√	属性(P)	Ctrl+F3	
	CSS 设计器(C)	Shift+F11	
	CSS 过渡效果(R)		
	Business Catalyst	Ctrl+Shift+B	
	文件(F)	F8	
	资源(A)		
	代码片断(N)	Shift+F9	
	jQuery Mobile 色板		
	行为(E)	Shift+F4	
	历史记录(H)	Shift+F10	

图 8-1

第 2 步 通过以上步骤即可打开【CSS 设计器】面板，如图 8-2 所示。

CSS 设计器	⊁ ▼≡
源：所有源	＋.
所有源	
<style>	
@媒体：	＋
全局	
选择器	＋
🔍	
属性	
	☐显示集

图 8-2

　　【CSS 设计器】面板中包含【源】、【@媒体】、【选择器】和【属性】4 个部分，每个部分针对 CSS 样式的不同管理与设置操作。

1　【源】选项区

【源】选项区用于确定网页使用 CSS 样式的方式。单击【源】选项区右上角的【添加 CSS 源】按钮![+]，可以看到在弹出的菜单中提供了 3 种定义 CSS 样式的方式，如图 8-3 所示。

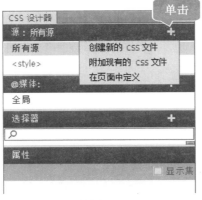

图 8-3

2　【@ 媒体】选项区

在【@ 媒体】选项区中可以为不同的媒体类型设置不同的 CSS 样式。单击【@ 媒体】选项区右上角的【添加媒体查询】按钮![+]，如图 8-4 所示，将弹出【定义媒体查询】对话框，在该对话框中可以定义媒体查询的条件，如图 8-5 所示。

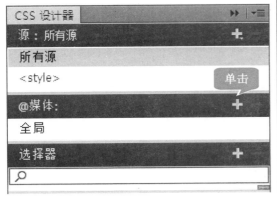

图 8-4

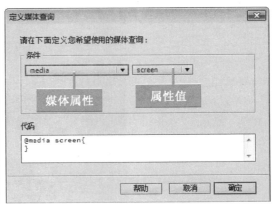

图 8-5

3　【选择器】选项区

【选择器】选项区用于在网页中创建 CSS 样式，网页中所创建的所有类型的 CSS 样式都会显示在该选项区的列表中。单击该选项区右上角的【添加选择器】按钮![+]，如图 8-6 所示，即可在下方空白区出现一个文本框，用于输入所要创建的 CSS 样式的名称，如图 8-7

Dreamweaver CC 中文版网页设计与制作

所示。

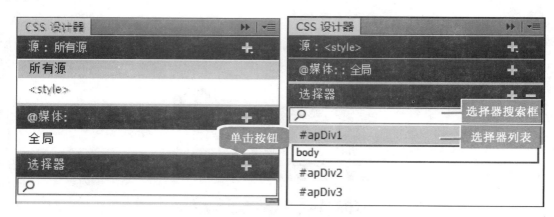

图 8-6 　　　　　　　　　　　　　图 8-7

知识拓展

在【选择器】选项区中可以创建任意类型的 CSS 选择器，包括通配符选择器、标签选择器、ID 选择器、类选择器、伪类选择器和复合选择器等，这就要求用户了解 CSS 样式中各种类型的 CSS 选择器的要求与规定。

4 【属性】选项区

【属性】选项区主要用于对 CSS 样式的属性进行设置和编辑。在该选项区中，CSS 样式的属性被分为 5 种类型，分别是布局▥、文本𝐓、边框▢、背景▢和其他▦，如图 8-8 所示。

图 8-8

8.2.2 创建 CSS 样式表

在 Dreamweaver CC 中，用户可以利用【CSS 设计器】面板中创建 CSS 样式表。具体操作步骤如下。

操作步骤 >> Step by Step

第 1 步 在【CSS 设计器】面板中，*1.* 单击【源】选项区中的【添加 CSS 源】按钮，*2.* 在弹出的列表中选择【创建新的 CSS 文件】选项，如图 8-9 所示。

图 8-9

第 3 步 弹出【将样式表文件另存为】对话框，*1.* 在【文件名】文本框中输入名称 CSS1，*2.* 单击【保存】按钮，如图 8-11 所示。

图 8-11

第 5 步 通过以上步骤即可新建一个名为 CSS1 的样式表，如图 8-13 所示。

... (truncated)

图 8-13

第 2 步 弹出【创建新的 CSS 文件】对话框中，单击【文件/URL】文本框后的【浏览】按钮，如图 8-10 所示。

图 8-10

第 4 步 返回到【创建新的 CSS 文件】对话框，*1.* 选中【链接】单选按钮，*2.* 单击【确定】按钮，如图 8-12 所示。

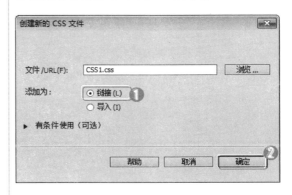

图 8-12

■ **指点迷津**

创建 CSS 样式表后，在【CSS 设计器】面板中单击【源】选项区右上角的【添加 CSS 源】按钮，在弹出的列表中选择【附加现有的 CSS 文件】选项，即可将刚创建的 CSS 样式表附加至当前网页中。

CSS 样式提供了多种类型的 CSS 选择器，包括通配符选择器、标签选择器、类选择器和 ID 选择器等，还有一些特殊的选择器，在创建 CSS 样式时首先需要了解各种选择器的作用。

8.3.1 通配符选择器

微课堂
00 分 12 秒

通配是指使用字符代替不确定的字。因此，通配符选择器是指对对象可以使用模糊指定的方式进行选择。CSS 的通配符选择器可以使用"*"作为关键字，使用方法如下。

```
*{
  margin:0px;
}
```

"*"表示所有对象，包含所有不同 id、不同 class 的 HTML 的所有标签。使用以上选择器进行样式定义时，页面中的所有对象都会使用"margin:0px"的边界设置。

8.3.2 标签选择器

微课堂
00 分 16 秒

HTML 文档是由多个不同标签组成的，CSS 标签选择器可以用来控制标签的应用样式。例如，p 选择器用来控制页面中所有<p>标签的样式风格。

标签选择器的语法格式如下。

标签名{属性:属性值;…}

如果在整个网站中经常出现一些基本样式，可以采用具体的标签来命名，从而达到对文档中标签出现的地方应用标签样式的目的。其使用方法如下。

```
body{
font-family:宋体;
font-size:12px;
color:#999999;
}
```

8.3.3 类选择器

微课堂
00 分 30 秒

类选择器(Type Selectors)以文档语言对象类型作为选择器，即以 HTML 标签作为选择器。class 选择符与 HTML 选择器实现了让同类标签共享同一样式。如果有两个不同的类别标签，如一个是<p>标签，另一个是<hl>标签，它们都采用了相同的样式，在这种情况下就可以使用 class 类选择器。注意类名称前有"．"号，类名可以随意命名，最好根据元素的用途来定义一个有意义的名称。如果某个标签希望采用该类的样式，其语法格式如下。

```
<p class="类名">…</p>
<hl class="类名">…</hl>
```

<hl>和段落<p>都采用了 class 类选择器，如果在这两个标签中应用的类名是相同的，则这两个标签的内容都将应用相同的 CSS 样式；如果这两个标签中应用的类名是不同的，则可以分别为这两个标签应用不同的 CSS 样式。

 知识拓展

在新建类 CSS 样式时，默认在类 CSS 样式名称前有一个"．"。这个"．"说明了此 CSS 样式是一个类 CSS 样式(class)。根据 CSS 规则，类 CSS 样式(class)可以在一个 HTML 元素中被多次调用。

8.3.4　ID 选择器

ID 选择器是根据 DOM 文档对象模型的原理所产生的选择器类型。对于一个网页而言，其中的每一个标签(或其他对象)均可以使用 id="的形式对 id 属性指定一个名称。id 可以理解为一个标识，在网页中每个 id 名称只能使用一次，例如：

```
<div id="top"></div>
```

在 CSS 样式中，ID 选择器使用#进行标识，如果需要对 id 名为通配的标签设置样式，应该使用以下格式。

```
#top{
    font-size:14px;
    line-height:130%;
}
```

id 的基本作用是对每一个页面中唯一出现的元素进行定义，例如可以将导航条命名为 nav，将网页头部和底部命名为 header 和 footer。类似的元素在页面中均出现一次，使用 id 进行命名具有唯一性的指定，有助于代码的阅读及使用。

8.3.5　伪类及伪对象选择器

伪类及伪对象是一种特殊的类和对象，由 CSS 自动支持，属于 CSS 的一种扩展类型和对象，其名称不能被用户自定义，在使用时只能按标准格式使用。其使用形式如下。

```
a:hover{
    background-color:#ffffff;
}
```

Dreamweaver CC 中文版网页设计与制作

伪类和伪对象由一下两种形式组成。

选择器:伪类
选择器:伪对象

上面的 hover 便是一个伪类,用于指定链接标签 a 的鼠标经过状态。

Section 8.4 专题课堂——设置 CSS 样式

控制网页元素外观的 CSS 样式用来定义字体、颜色、边距和字间距等属性。在 Dreamweaver CC 中,可以对 CSS 样式格式进行精确定制。本节将详细介绍设置 CSS 样式方面的知识。

8.4.1 设置背景类型

在不使用 CSS 样式的情况下,利用页面属性只能使用单一颜色或用图像水平垂直平铺来设置背景。使用【CSS 规则定义】对话框的【背景】选项,能够更加灵活地设置背景,可以对页面中的任何元素应用背景属性,如图 8-14 所示。

图 8-14

在【背景】区域中,可以对各个选项进行设置。

➢ Background-color(C)(背景颜色)选项:设置元素的背景颜色。

➢ Background-image(I)(背景图像)下拉列表框:设置元素的背景图像。

➢ Background-repeat(R)(重复)下拉列表框:设置当使用图像作为背景时是否需要重

复显示，一般用于图像尺寸小于页面元素面积的情况，包括以下 4 个选项。【不重复】表示只在元素开始处显示一次图像；【重复】表示在应用样式的元素背景的水平方向和垂直方向上重复显示该图像；【横向重复】表示在应用样式的元素背景的水平方向上重复显示该图像；【纵向重复】表示在应用样式的元素背景的垂直方向上重复显示该图像。

➤ Background-attachment(T)(附件)下拉列表框：有两个选项，即【固定】和【滚动】，分别决定背景图像是固定在原始位置还是可以随内容一起滚动。

➤ Background-position(X)(水平位置)和 Background-position(Y)(垂直位置)下拉列表框：指定背景图像相对于元素的对齐方式，用于将背景图像与页面中心水平和垂直对齐。

8.4.2　设置方框样式

在图像的【属性】面板上，可以设置图像的大小、图像水平和垂直方向的空白区域等，方框样式完善并丰富了这些属性设置，定义特定元素的大小及其与周围元素的间距等属性，如图 8-15 所示。

图 8-15

在【方框】区域中可以对各个选项进行设置。

➤ Width(W)(宽)和 Height(H)(高)文本框：设定宽度和高度，使盒子的宽度不受其所包含内容的影响。只有在样式应用于图像或层时，才起作用。

➤ Float(T)(浮动)下拉列表框：设置文本、层、表格等元素在哪个边围绕元素浮动，元素按设置的方式环绕在浮动元素的周围。IS 浏览器和 NETSCAPE 浏览器都支持浮动选项的设置。

➤ Clear(C)(清除)下拉列表框：设置元素的哪一边不允许有层，如果层出现在被清除

Dreamweaver CC 中文版网页设计与制作

的那一边，则元素将被移动到层的下面。

➢ Padding(填充)选项区域：指定元素内容与元素边框之间的间距(如果没有边框，则为边距)。【全部相同(S)】复选框为应用此属性元素的"上""下""左"和"右"侧设置相同的填充属性。取消选中【全部相同(S)】复选框可分别设置元素各个边的填充。

➢ Margin(边界)选项区域：指定一个元素的边框与其他元素之间的间距，只有当样式应用于文本块一类的元素(如段落、标题、列表等)时才起作用。【全部相同(F)】复选框为应用此属性元素的"上""下""左"和"右"侧设置相同的边距属性。取消选中【全部相同(F)】复选框可分别设置元素各个边的边距。

8.4.3 设置区块样式

使用【区块】类别可以定义段落文本中文字的字距、对齐方式等格式。在【CSS 规则定义】对话框左侧选择【区块】选项，即可进行相应的设置，如图 8-16 所示。

图 8-16

在【区块】区域中可以对各选项进行设置。

➢ Word-spacing(S)(单词间距)下拉列表框：设置英文单词之间的距离。

➢ Letter-spacing(L)(字母间距)下拉列表框：增加或减小文字之间的距离。若要减小字符间距，可以指定一个负值。

➢ Vertical-align(V)(垂直对齐)下拉列表框：设置应用元素的垂直对齐方式。

➢ Text-align(T)(水平对齐)下拉列表框：设置应用元素的水平对齐方式，包括【居左】、【居右】、【居中】和【两端对齐】4 个选项。

➢ Text-indent(I)(文字缩进)文本框：指定每段中的第一行文本缩进的距离，可以使用负值创建文本凸出，但显示方式取决于浏览器。

➢ White-space(W)(空格)下拉列表框：确定如何处理元素中的空格，包括 3 个选项。

【正常】表示按正常的方法处理其中的空格，即将多个空格处理为一个；【保留】表示将所有的空格都作为文本用<pre>标记进行标识，保留应用样式元素原始状态；【不换行】表示文本只有在遇到
标记时才换行。

➢ Display(D)(显示)下拉列表框：设置是否以及如何显示元素，如果选择【无】选项则会关闭应用此属性的元素的显示。

8.4.4　设置边框样式

在 Dreamweaver CC 中，使用【边框】选项可以定义元素周围边框的宽度、颜色和样式等，如图 8-17 所示。

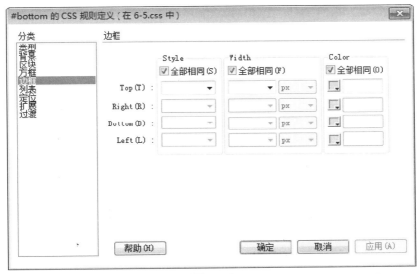

图 8-17

在【边框】区域中可以对各个选项进行设置。

➢ Style(样式)选项组：设置边框的外观样式，包括【无】、【点划线】、【虚线】、【实线】、【双线】、【槽状】、【脊状】、【凹陷】和【凸出】等选项。所定义的样式只有在浏览器中才呈现出效果，且实际显示方式还与浏览器有关。

➢ Width(宽度)选项组：设置元素边框的粗细，包括【细】、【中】、【粗】3 个选项，也可设定具体数值。

➢ Color(颜色)选项组：设置边框的颜色。

8.4.5　设置定位样式

【定位】选项用于设置层的相关属性。使用定位样式，可以自动新建一个层并把页面中使用该样式的对象放到层中，并且用在对话框中设置的相关参数控制新建层的属性，如图 8-18 所示。

Dreamweaver CC 中文版网页设计与制作

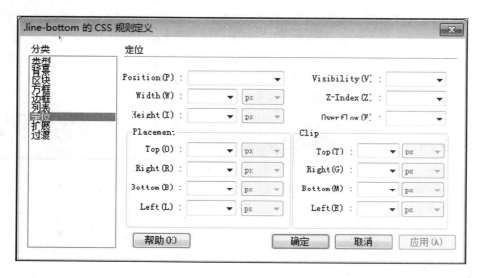

图 8-18

在【定位】区域中可以对各个选项进行设置。

➢ **Position(P)(类型)下拉列表框**：该下拉列表框中包括 3 个选项，【绝对】选项使用绝对坐标定位层，在【定位】文本框中输入相对于页面左上角的坐标值；【相对】选项使用相对坐标定位层，在【定位】文本框中输入相对于应用样式的元素在网页中原始位置的偏离值，这一设置无法在编辑窗口中看到效果；【静态】选项，使用固定位置，设置层的位置不移动。

➢ **Visibility(V)(显示)下拉列表框**：设置层的可见性，如果不指定显示属性，则默认情况下大多数浏览器都继承父级的属性。

➢ **Z-Index(Z)下拉列表框**：设置层的叠加顺序。

➢ **Overflow(F)(溢位)下拉列表框**：设置当层的内容超出层的大小时的处理方式。

➢ **Placement(置入)选项组**：指定层的位置和大小，具体含义主要根据在【类型】下拉列表框中的设置。由于层是矩形的，需要两个点就可以准确地描绘出层的位置和形状，第 1 个是左上角的顶点，由"左"和"上"两项进行设置；第 2 个是右下角的顶点，用"下"和"右"两项进行协调。

➢ **Clip(裁切)选项组**：设置限定层中可见区域的位置和大小。

8.4.6　设置扩展样式

微课堂
00 分 15 秒

在【CSS 规则定义】对话框中，在左侧的【分类】区域选择【扩展】选项，在右侧将显示【扩展】区域，该区域中包括滤镜、分页和指针等内容，如图 8-19 所示。

➢ **【Page-break-before(B)】(分页符位置)下拉列表框**：打印期间在样式所控制的对象之前强行分页。此选项不受任何 4.0 版本的浏览器支持，但可能受未来浏览器的支持。

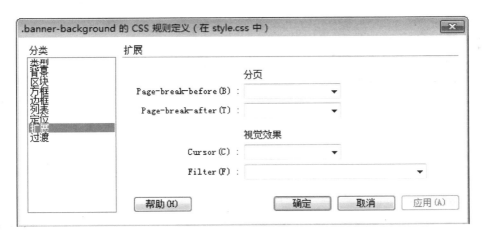

图 8-19

> 【Cursor(C)】(光标)下拉列表框：当指针位于样式所控制的对象上时改变指针图像。

> 【Filter(F)】(过滤器)下拉列表框：对样式所控制的对象应用特殊效果。

 专家解读

【Page-break-after（T）】选项与【Page-break-before（B）】选项类似，用来设置打印期间在样式所控制的对象之后强行分页。此选项不受任何4.0版本的浏览器支持，但可能受未来浏览器的支持。

8.4.7 设置过渡样式

微课堂
00分12秒

在【CSS规则定义】对话框中选中【过渡】选项后，将显示【过渡】区域。在该区域中，用户可以设定各种CSS过渡效果，如图8-20所示。

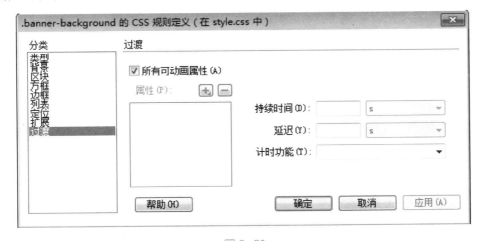

图 8-20

实践经验与技巧

本节将侧重介绍和讲解与本章知识点有关的实践经验与技巧，主要包括 CSS 静态过滤器、样式冲突、内联 CSS 样式和内部 CSS 样式等方面的知识与操作技巧。

8.5.1　CSS 静态过滤器

微课堂
00 分 15 秒

CSS 中有静态过滤器和动态过滤器两种过滤器。静态过滤器使被施加的对象产生各种静态的特殊效果。IE 浏览器 4.0 版本支持 13 种静态过滤器，下面介绍几种常见的静态过滤器。

1　Alpha 过滤器

Alpha 过滤器可使对象呈现半透明效果，包含的选项及其功能如下。

➢ Opacity 选项：以百分比的方式设置图片的透明程度，值为 0～100，0 表示完全透明，100 表示完全不透明。

➢ Finish Opacity 选项：和 Opacity 选项一起以百分比的方式设置图片的透明渐进效果，值为 0～100，0 表示完全透明，100 表示完全不透明。

➢ Style 选项：设置渐进的显示形状。

➢ Start X 选项：设置渐进开始的 X 坐标值。

➢ Start Y 选项：设置渐进开始的 Y 坐标值。

➢ Finish X 选项：设置渐进结束的 X 坐标值。

➢ Finish Y 选项：设置渐进结束的 Y 坐标值。

2　Blur 过滤器

Blur 过滤器可以使对象产生风吹的模糊效果，包含的选项及其功能如下。

➢ Add 选项：设置是否在应用 Blur 过滤器的 HTML 元素上显示原对象的模糊方向，0 表示不显示原对象，1 表示显示原对象。

➢ Direction 选项：设置模糊的方向，0 表示向上，90 表示向右，180 表示向下，270 表示向左。

➢ Strength 选项：以像素为单位设置图像模糊的半径大小，默认值是 5，取值范围是自然数。

3　　Chroma 过滤器 >>>

Chroma 过滤器的作用是将图片中的某个颜色变成透明，包含 Color 选项，用来指定要变成透明的颜色。

➤ Color 选项：设置阴影的颜色。
➤ Off X 选项：设置阴影相对于文字或图像在水平方向上的偏移量。
➤ Off Y 选项：设置阴影相对于文字或图像在垂直方向上的偏移量。
➤ Positive 选项：设置阴影的透明程度。

8.5.2　样式冲突

将两个或两个以上的 CSS 规则应用于同一元素时，这些规则可能会发生冲突并产生意外的结果，一般会存在以下两种情况：一种是应用于同一元素的多个规则分别定义了元素的不同属性，这时，多个规则同时起作用；另一种是两个或两个以上的规则同时定义了元素的同一属性，这种情况称为样式冲突。如果发生样式冲突，浏览器按就近优先原则应用 CSS 规则。

如果链接在当前文档的两个外部样式表文件同时重定义了同一个 HTML 标签，则后链接的样式表文件优先(在 HTML 文档中，后链接的外部样式表文件的链接代码在先链接的链接代码之后)。

8.5.3　内联 CSS 样式

内联 CSS 样式是指将 CSS 样式写在 HTML 标签中，其格式如下。

```
<p style= " font-family:宋体;font-size:14pxl color:#999999; " >内联CSS样式</p>
```

内联 CSS 样式由 HTML 文件中元素的 style 属性所支持，只需要将 CSS 代码用"；"隔开，在 style 标签的引号中输入属性即可完成对当前标签的样式定义，这是 CSS 样式定义的一种基本形式。

内联样式不仅仅是 HTML 标签对于 style 属性的支持所产生的一种 CSS 样式表编写方式，而且是一种表现与内容分离的设计模式。使用内联 CSS 样式与表格布局在代码结构上来说完全相同，仅仅利用了 CSS 对于元素的精确控制优势，并没有很好地实现表现与内容的分离，所以这种书写方式应当尽量少用。

8.5.4　内部 CSS 样式

内部 CSS 样式是将 CSS 样式统一放置在页面中的一个固定位置，其实现代码如下。

```
<html>
    <head>
```

Dreamweaver CC 中文版网页设计与制作

```
<title>内部样式表</title>
<style type="text/css">
body{
    font-family: "宋体";
    font-size:12px;
   color:#333333;
}
</style>
</head>
<body>
内部 CSS 样式
</body>
</html>
```

样式表由<style>与</style>标签标记在<head >与</head>标签之间，作为一个单独的部分。

内部 CSS 样式是 CSS 样式的初级应用形式，它只对当前页面有效，不能跨页面执行，因此达不到 CSS 代码复用的目的，在实际的大型网站开发中很少用到内部 CSS 样式。

Section 8.6 有问必答

1. **在【CSS 设计器】面板中，如何设置文本样式？**

在【CSS 设计器】面板的【属性】选项区中，单击【文本】按钮即可设置文本相关的 CSS 属性。

2. **如何删除无用的 CSS 样式？**

在【CSS 设计器】面板的【选择器】选项区中，选中需要删除的 CSS 样式，单击【删除选择器】按钮即可将所选样式删除。

3. **如何删除或禁用 CSS 属性？**

在【CSS 设计器】面板中，单击准备删除或禁用的 CSS 属性后面的【删除】或【禁用】按钮，即可删除或禁用该 CSS 属性。

4. **如何使用 CSS 过渡效果？**

在 Dreamweaver CC 中，单击【窗口】主菜单，在弹出的菜单中选择【CSS 过渡效果】菜单项，打开【CSS 过渡效果】面板，在该面板中即可创建和编辑 CSS 过渡效果。

5. **如何区别外部 CSS 样式表与内部 CSS 样式表？**

外部 CSS 样式表是存储在一个单独的外部 CSS 文件中的若干组 CSS 规则。此文件利用文档头部的链接或@import 规则链接到网站中的一个或多个页面。内部 CSS 样式表是若干组包括在 HTML 文档头部分的<style>标签中的 CSS 规则。

第 **9** 章

应用 Div+CSS 布局网页

本章要点
- ❖ Div 概述
- ❖ 常见的布局方式
- ❖ 应用 Div 布局网页
- ❖ 专题课堂——宽度自适应

本章主要内容

本章主要介绍 Div 概述、常见的布局方式、应用 Div 布局网页以及宽度自适应方面的知识与技巧，在本章的最后还针对实际的工作需求，讲解了盒子取向属性、盒子顺序属性和盒子位置属性的内容。通过本章的学习，读者可以掌握应用 Div+CSS 布局网页方面的知识，为深入学习 Dreamweaver CC 知识奠定基础。

Dreamweaver CC 中文版网页设计与制作

Div 概述

> Div 标签在 Web 标准网页中使用得非常频繁，Div 与其他 HTML 标签一样，是一个 HTML 所支持的标签，可以很方便地实现网页的布局。本节将介绍 Div 的知识。

9.1.1　概述

微课堂
00分09秒

Div 的全称是 Division，中文翻译为"区分"，也称为区隔标记。Div 是一个区块容器标记，即<div>与</div>之间相当于一个容器，可以容纳段落、标题、表格、图片，乃至章节、摘要和备注等各种 HTML 元素。因此，可以把<div>与</div >中的内容视为一个独立的对象用于 CSS 的控制，声明时只需要对<div>进行相应的控制，其中的各标记元素都会因此而改变。

在 HTML 页面中，几乎每一个标签对象都可以称得上一个容器。Div 是 HTML 中指定的专门用于布局设计的容器对象。在传统的表格布局中之所以能够进行页面的排版布局设计，完全依赖于表格对象 table。在页面中绘制一个由多个单元格组成的表格，在相应的表格中放置内容，通过表格单元格的位置控制达到实现布局的目的，这是表格式布局的核心目的。

现在，我们所要接触的是一个全新的布局方式——CSS 布局。Div 是这种布局方式的核心对象，使用 CSS 布局的页面排版不需要依赖表格。仅从 Div 的使用上来说，做一个简单的布局只需要依赖 Div 与 CSS，因此可以称之为 Div+CSS 布局。

9.1.2　Div+CSS 布局的优势

微课堂
00分19秒

复杂的表格使得设计极为困难，修改也更加烦琐，最后生成的网页代码除了表格本身的代码以外还有许多没有意义的图像占位符和其他元素，文件量较大，最终导致浏览器下载、解析的速度变慢。

使用 CSS 布局可以从根本上改变这种情况。CSS 布局的重点不再放在表格元素的设计上，取而代之的是 HTML 中的另一个元素——Div。Div 可以理解为"图层"或一个"块"，它是一种比表格简单的元素，语法上从< div >开始到</ div >结束，其功能是将一段信息标记出来用于后期的样式定义。

Div 在使用时不需要像表格那样通过其内部的单元格来组织版式，使用 CSS 强大的样式定义功能可以比表格更简单、更自由地控制页面版式和样式。

由于 Div 与样式分离，最终样式由 CSS 来完成，这种与样式无关的特性使得 Div 在设计中拥有较大的可伸缩性，用户可以根据自己的想法改变 Div 的样式，不再拘泥于单元格固定模式的束缚。

9.1.3　盒模型

盒模型是 CSS 控制页面时的一个重要概念，用户只有很好地掌握了盒模型以及其中每个元素的用法，才能真正地控制页面中每个元素的位置。

CSS 假定所有的 HTML 文档元素都生成了一个描述该元素在 HTML 文档布局中所占空间的矩形元素框(element box)，可以形象地将其视为一个盒子。CSS 围绕这些盒子产生了一种"盒子模型"的概念，通过定义一系列与盒子相关的属性，可以极大地丰富和促进各个盒子乃至整个 HTML 文档的表现效果和布局结构。

HTML 文档中的每个盒子都可以看成由从内到外的 4 个部分构成，即内容(content)、填充(padding)、边框(border)和边界(margin)，另外，在盒模型中还有高度与宽度两个辅助属性，如图 9-1 所示。

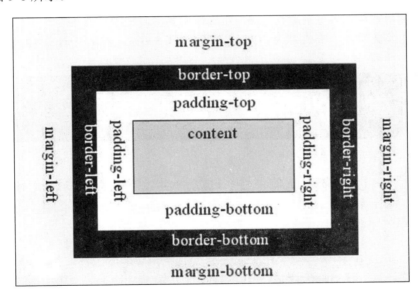

图 9-1

内容是盒子模型的中心，呈现了盒子的主要信息内容。这些内容可以是文本、图片等多种类型。内容是盒子模型必备的组成部分，其他三部分都是可选的。内容区有 3 个属性：width、height 和 overflow。使用 width 和 height 属性可以指定盒子内容区的高度和宽度，其值可以是长度计量值或者百分比值。

填充是内容区和边框之间的空间，可视为内容区的背景区域。填充的属性有 5 种，即padding-top、padding-bottom、padding-left、padding-right 以及综合了以上 4 种方向的快捷填充属性 padding。使用这 5 种属性可以指定内容区信息内容与各方向边框间的距离，其属性值的类型与 width 和 height 相同。

边框是环绕内容区和填充的边界。边框的属性有 border-style、border-width 和

Dreamweaver CC 中文版网页设计与制作

border-color 以及综合了以上 3 类属性的快捷边框属性 border。边框样式属性 border-style 是边框最重要的属性。根据 CSS 规范，如果没有指定边框样式，其他的边框属性都会被忽略，边框将不存在。

边界位于盒子的最外围，不是一条边线而是添加在边框外面的空间。边界使元素盒子之间不必紧凑地连接在一起，是 CSS 布局的一个重要手段。边界的属性有 5 种，即 margin-top、margin-bottom、margin- left、margin-right 以及综合了以上 4 种属性的快捷边界属性 margin。

以上就是对盒子模型 4 个组成部分的简要介绍，利用盒子模型的相关属性可以使 HTML 文档内容的表现效果变得越发丰富，而不再像只使用 HTML 标签那样单调乏味。

⊕ 知识拓展

对于盒模型，在使用过程中有以下几点需要注意：边框默认的样式(border-style)可设置为不显示(none)；填充值(padding)不可以为负；边界值(margin)可以为负，其显示效果在各浏览器中可能不同；内联元素如<a>，定义上、下边界时不会影响到行高；对于块级元素，未浮动的垂直相邻元素的上边界和下边界会被压缩；浮动元素边界不压缩，并且如果浮动元素不声明宽度，其宽度趋向于 0，即压缩到其内容能够承受的最小宽度；如果盒中没有内容，即定义宽度和高度都为 100%，实际上只占 0%，因此不会被显示。

Section 9.2 常见的布局方式

CSS 布局方式一般包括居中版式布局、浮动版式布局和高度自适应布局，本节将详细介绍这些常见的布局方式。

9.2.1 居中版式布局

居中设计目前在网页布局中应用得非常广泛，所以在 CSS 中让设计居中是大多数开发人员首先要学习的重点之一。下面详细介绍居中版式布局的操作方法。

1 使用自动空白边让设计居中 ≫≫≫

假设一个布局，希望其中的容器 Div 在屏幕上水平居中，其 HTML 代码如下。

```
<body>
    <div id=" box" ></div >
</body>
```

此时只需要定义 Div 的宽度，然后将水平空白边设置为 auto，其 CSS 样式代码如下。

```
#boc{
    width:720px;
    height:300px;
    background-color:#0CF;
    margin:0 auto;
}
```

这种 CSS 样式定义方法在现在所有浏览器中都是有效的，但是在 IE5.X 和低版本的浏览器中不支持自动空白边，因为 IE 将 text-align：center 理解为让所有对象居中，而不只是文本。用户可以利用这一点，让主题标签中的所有对象居中，包括容器 Div，然后将容量的内容重新对准左边。其 CSS 样式代码如下。

```
body{
    text-align:center;
}
#box{
    width:720px;
    height:300px;
    background-color:#0CF;
    text-align:left;
}
```

以这种方式使用 text-align 属性不会对代码产生任何严重影响。

2　使用定位和负值空白边让设计居中 >>>

首先定义容器的宽度，然后将容器的 position 属性设置为 relative，将 left 属性设置为 50%，就可以把容器的左边缘定位在页面的中间。其 CSS 样式代码如下。

```
#box{
    width:720px;
    height:300px;
    background-color:#0CF;
    position:relative;
    left:50%;
}
```

如果不希望容器的左边缘居中，而是让容器的中间居中，只要对容器的左边应用一个负值的空白边即可，其宽度等于容器宽度的一半。这样就会把容器向左移动其宽度的一半，从而让它在屏幕上居中。其 CSS 样式代码如下。

```
#box{
    width:720px;
    height:300px;
    background-color:#0CF;
    position:relative;
    left:50%;
    margin-left:-360px;
}
```

9.2.2 浮动版式布局

在 Dreamweaver CC 中，使用浮动版式布局设计也是必不可少的，浮动版式布局利用 float(浮动)属性来并排定位元素，下面详细介绍其操作方法。

1 两列固定宽度布局

>>>

两列固定宽度布局的操作非常简单，其 HTML 代码如下。

```
<div id="left" >左列</div >
<div id="right" >右列</div >
```

为 id 名为 left 和 right 的 Div 设置 CSS 样式，让两个 Div 在水平行中并排显示，从而形成两列式布局。其 CSS 代码如下。

```
#left{
    width:300px;
    height:200px;
    background-color: #F2FDDB;
    border: 1px solid #A5CF3D;
    float:left;
}
```

在此为了实现两列式布局使用了 float 属性，这样两列固定宽度的布局就能够完整地显示出来，预览效果如图 9-2 所示。

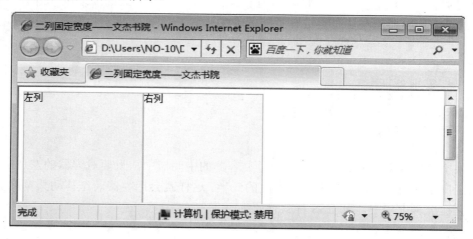

图 9-2

2 两列固定宽度居中布局

>>>

两列固定宽度居中布局可以使用 Div 的嵌套方式来完成，即用一个居中的 Div 作为容器，将两列分栏的两个 Div 放置在容器中，从而实现两列的居中显示。其 HTML 代码如下。

```
<div id=" box" >
<div id="left" >左列</div >
<div id="right" >右列</div >
</div>
Wei fenlan de liangge Div jiashangyige id
```

为分栏的两个 Div 加上一个 id 名为 box 的 Div 容器，其 CSS 代码如下。

```
#box{
    width:808px;
    margin:0px auto;
}
#left{
    width:400px;
    height:200px;
    background-color:#CCC;
    border:2px solid#666;
    float:left;
}
#right{
    width:400px;
    height:200px;
    background-color:#CCC;
    border:2px solid#666;
    float:left;
}
```

知识拓展

一个对象的宽度不仅仅由 width 值来决定，它的真实宽度是由宽度、左/右外边距以及左/右边框和内边距这些属性相加而成的。在此#left 宽度为 400 px，左右都有 2 px 的边框，因此实际宽度为 404 px，#right 和#left 相同，所以#box 的宽度设定为 808 px。

9.2.3　高度自适应布局

高度值同样可以使用百分比进行设置，但直接使用 height：100%不会显示效果的，这与浏览器的解析方式有一定的关系，例如下面的实现高度自适应的 CSS 代码。

```
Html,body{
    margin:0px;
    height:100%;
}
#left{
    width:400px;
    height:100%;
    background-color: #09F;
    float:left;
}
```

Dreamweaver CC 中文版网页设计与制作

在将名为 left 的 Div 设置为 height：100%的同时，也设置了 HTML 与 body 的 height：100%。一个对象的高度是否可以使用百分比显示，取决于该对象的父级对象，由于名为 left 的 Div 在页面中直接放置于 body 中，因此它的父级就是 body，而浏览器在默认状态下没有给 body 一个高度属性，因此在直接设置名为 left 的 Div 的 height：100%时不会产生任何效果。在给 body 设置了 100%之后，它的子级对象(名为 left 的 Div)的 height：100%便起了作用，这就是浏览器解析规则引发的高度自适应问题。若将 HTML 对象设置为 height：100%，可以使 IE 和 Firefox 浏览器都能实现高度自适应。

应用 Div 布局网页

Div 是 HTML 中的标签，也称作层，因而用 Div 布局也可以说成用层布局。用 Div 标签来布局，结合层叠样式表可以设计出完美的网页。本节将详细介绍 Div 布局方面的知识。

9.3.1 页面布局分析

微课堂
00 分 20 秒

使用 Div 可以将页面首先在整体上进行<div>标记的分块，然后对各个块进行 CSS 定位，最后再在各个块中添加相应的内容，页面大致由 banner、content、links 和 footer 几部分组成，如图 9-3 所示。

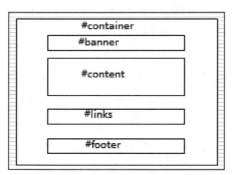

图 9-3

页面中的 HTML 框架代码如下所示。

```
<div id="container"></div>
<div id="banner"></div>
<div id="content"></div>
<div id="links"></div>
<div id="footer"></div>
</div>
```

9.3.2　插入和编辑 Div 标签

00 分 27 秒

与其他 HTML 对象一样，用户只需要在代码中应用<div></div>这样的标签形式，将内容放置其中，就可以应用 Div 标签。下面详细介绍插入和编辑 Div 标签的方法。

操作步骤　>>　Step by Step

第 1 步　启动 Dreamweaver CC 程序，**1.** 在【插入】面板中选择【常用】选项，**2.** 单击 Div 按钮，如图 9-4 所示。

图 9-4

第 2 步　弹出【插入 Div】对话框，**1.** 在【插入】下拉列表框中选择【在插入点】选项，**2.** 在 ID 下拉列表框中选择 apDiv1 选项，**3.** 单击【确定】按钮，如图 9-5 所示。

图 9-5

第 3 步　通过以上步骤即可完成插入 Div 的操作，如图 9-6 所示。

图 9-6

■ 指点迷津

同一名称的 id 值在当前 HTML 页面中只允许使用一次，不管是应用到 Div 还是其他对象的 id 中，而 class 名称可以重复使用。

在【插入 Div】对话框中，各选项的功能如下。

➤ 【插入】下拉列表框：在该下拉列表框中可以选择要在网页中插入 Div 的位置，包含【在选定内容旁换行】、【在标签前】、【在标签开始之后】、【在标签结束之前】、【在插入点】和【在标签后】5 个选项。

➤ Class 下拉列表框：在该下拉列表框中可以为所插入的 Div 选择应用的 ID CSS 样式。

➤ 【新建 CSS 规则】按钮：单击该按钮，将弹出【新建 CSS 规则】对话框，可以新建应用于所插入的 Div 的 CSS 样式。

Dreamweaver CC 中文版网页设计与制作

选中插入的 Div 标签，在【属性】面板中用户即可对 Div 的属性进行相关设置，如图 9-7 所示。

图 9-7

9.3.3　使用 CSS 定位

在制作页面的最后，用户可以使用 CSS 定位，对页面的整体进行规划，并在各个板块中添加相应的内容。下面详细介绍使用 CSS 定位的操作方法，其代码如下。

```
body{
    margin:0px;
    font-size:13px;
    font-family:Arial;
}
    #container{
    position:relative;
    width:100%;
}
#banner{/*根据实际需要可调整。如果此处是图片，不用设置高度*/
    height:80px;
    border:1px solid #000000;
    text-align:center;
    background-color:#a2d9ff;
    padding:10px;
    margin-bottom:2px;
}
```

利用 float 浮动方法将#content 移动到页面左侧，#links 移动到页面右侧，不指定#content 的宽度，可根据浏览器的变化进行调整，但#links 作为导航条指定其宽度为 200 px，代码如下。

```
#content{
float:left;}
#links{
float:right;
width:200px;
text-align:center;
}
```

如果#link 的内容比#content 的长，在 IE 浏览器上#footer 就会贴在#content 下方而与#link 出现重合，此时，需要对块作调整，将#content 与#link 都设置为左浮动，然后再微调它们之间的距离；如果#link 在#content 的左方，将二者都设置为右浮动。

对于固定宽度的页面这种情况非常容易解决，只需要指定#content 的宽度，然后二者同时向左或者向右浮动，其代码如下。

```
#content{
float:left;
padding-right:200px;
width:600px;
}
```

Section 9.4　专题课堂——宽度自适应

　　在本节的学习过程中，将侧重介绍和讲解宽度自适应的内容，主要内容将包括一列自适应宽度、两列自适应宽度、两列右列宽度自适应、三列浮动中间宽度自适应等。

9.4.1　一列自适应宽度

　　自适应布局是网页设计中常见的布局形式，自适应的布局能够根据浏览器窗口的大小，自动改变其宽度和高度值，是一种非常灵活的布局形式。

　　这里将宽度由一列固定宽度的 300 px 改为 80%，自适应的优势就是当扩大或缩小浏览器窗口大小时，其宽度还将维持浏览器当前宽度的比例，XHTML 代码结构如下。

```
<!DOCTYPE html PUBLIC "-//W3C//DTD XHTML 1.0 Transitional//EN"
"http://www.w3.org/TR/xhtml1/DTD/xhtml1-transitional.dtd">
<html xmlns="http://www.w3.org/1999/xhtml">
<head>
<meta http-equiv="Content-Type" content="text/html; charset=gb2312" />
<title>文杰书院_一列自适应宽度</title>
<style type="text/css">
<!--
#layout {
    border: 2px solid #A9C9E2;
    background-color: #E8F5FE;
    height: 200px;
    width: 80%;
}
-->
</style>
</head>
<body>
<div id="layout">一列自适应宽度</div>
```

Dreamweaver CC 中文版网页设计与制作

```
</body>
</html>
```

在浏览器中预览效果图如图 9-8 所示。

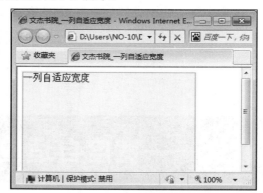

图 9-8

9.4.2　　两列自适应宽度

下面使用两列宽度自适应属性来实现左右列宽度自动适应，自适应主要通过宽度的百分比值来实现，CSS 代码修改为如下。

```
<style>
#left{
    background-color:#00cc33;
    border:1px solid #ff3399;
    width:60%;
    height:250px;
    float:left;
}
#right{
    background-color:#ffcc33;
    border:1px solid #ff3399;
    width:30%;
    height:250px;
    float:left;
}
</style>
```

这里主要修改了左列宽度为 60%，右列宽度为 30%。无论怎样改变浏览器窗口的大小，左右两列的宽度与浏览器窗口的百分比都保持不变。

9.4.3　　两列右列宽度自适应

在实际应用中，有时需要左栏固定宽度，右栏根据浏览器窗口的大小自动适应。在 CSS 中只需要设置左栏宽度，不需要设置右栏的宽度，并且右栏不浮动。其 CSS 代码如下。

```
#left{
    width:200px;
    height:200px;
    background-color: #CCC;
    border:2px solid#666;
    float:left;
}
#right{
    width:200px;
    background-color:#CCC;
    border:2px solid#666;
}
```

此时，左栏将呈现 200 px 的宽度，右栏根据浏览器窗口的大小自动适应。

9.4.4　三列浮动中间宽度自适应

三列浮动中间宽度自适应布局是左栏固定宽度居左显示，右栏固定宽度居右显示，而中间栏在左栏和右栏的中间显示，并根据左栏、右栏的间距变化自动适应。对于这种布局，单纯地使用 float 属性和百分比属性不能实现，而是需要使用绝对定位来实现。绝对定位后的对象不需要考虑它在页面中的浮动关系，只需要设置对象的 top、right、bottom 和 left 方向即可。其 HTML 代码如下。

```
<div id="left">左列</div>
<div id="main">中列</div>
<div id="right">右列</div>
```

首先使用绝对定位将左列和右列进行位置控制，其 CSS 代码如下。

```
body{
    margin:0px;
}
#left{
    width:200px;
    height:200px;
    background-color: #CCC;
    border:2px solid#666;
    position:absolute;
    top:0px;
    left:0px;
}
#right{
    width:200px;
    height:200px;
    background-color: #CCC;
    border:2px solid#666;
    position:absolute;
    top:0px;
    right:0px;
}
```

Dreamweaver CC 中文版网页设计与制作

中列使用普通的 CSS 样式，其 CSS 代码如下。

```
#main{
    height:200px;
    background-color: #CCC;
    border:2px solid#666;
    margin:0px auto;
    margin:0px 204px 0px 204px;
}
```

对于名为 main 的 Div，不需要再设定浮动方式，只需要让它的左、右边距永远保持名为 left 和 right 的 Div 的宽度，就实现了两边各让出 204 px 的自适应宽度，刚好让名为 left 和 right 的 Div 出现在这个空间中，从而实现了布局的要求。

三列浮动中间宽度自适应目前在网络上较多地应用于 blog 设计，大型网站现在似乎较少使用三列浮动中间宽度自适应布局。

Section 9.5　实践经验与技巧

本节将侧重介绍和讲解与本章知识点有关的实践经验与技巧，主要包括盒子取向属性 box-orient、盒子顺序属性 box-direction 和盒子位置属性 box-ordinal-group 方面的知识与操作技巧。

9.5.1　盒子取向属性 box-orient

微课堂　00 分 08 秒

盒子取向是指盒子元素内部的流动布局方向，包括横排和竖排两种。在 CSS 中，盒子取向可以通过 box-orient 属性进行控制。

box-orient 属性的语法格式如下。

box-orient：horizontal | vertical | inline-axis | block-axis | inherit

➢　horizontal：设置 box-orient 属性为 horizontal，可以将盒子元素从左到右在一条水平线上显示它的子元素。

➢　vertical：设置 box-orient 属性为 vertical，可以将盒子元素从上到下在一条垂直线上显示它的子元素。

➢　inline-axis：设置 box-orient 属性为 inline-axis，可以将盒子元素沿着内联轴显示它的子元素。

➢　block-axis：设置 box-orient 属性为 block-axis，可以将盒子元素沿着块轴显示它的子元素。

➢　inherit：设置 box-orient 属性为 inherit，表示盒子继承父元素的相关属性。

弹性盒子模型是 W3C 标准化组织在 2009 年发布的，目前还没有主流浏览器对其进行支持，不过采用 Webkit 和 Mozilla 渲染引擎的浏览器都自定义了一套私有属性来支持弹性盒子模型。

9.5.2　盒子顺序属性 box-direction

盒子顺序在 Dreamweaver 中用来控制子元素的排列顺序，也可以说只控制盒子内部元素的流动顺序。在 CSS 中，盒子顺序可以通过 box-direction 属性进行控制。

box- direction 属性的语法格式如下。

box- direction：normal | reverse | inherit

➢ normal：设置 box-direction 属性为 normal，表示盒子顺序为正常显示顺序，即当盒子元素的 box-orient 属性值为 horizontal 时，其包含的子元素按照从左到右的顺序进行显示，也就是说每个子元素的左边总是靠着前一个子元素的右边；当盒子元素的 box-orient 属性值为 vertical 时，其包含的子元素按照从上到下的顺序进行显示。

➢ reverse：设置 box-direction 属性为 reverse，表示盒子所包含的子元素的显示顺序与 normal 相反。

➢ inherit：设置 box-direction 属性为 inherit，表示盒子继承上级元素的显示顺序。

9.5.3　盒子位置属性 box-ordinal-group

盒子位置指的是盒子元素在盒子中的具体位置。在 CSS 中，盒子位置可以通过 box-ordinal-group 属性进行控制。

box- ordinal-group 属性的语法格式如下。

```
box- ordinal-group: <integer>
```

参数值 integer 代表的是一个自然数，它从 1 开始，用来设置子元素的位置序号，子元素会根据该属性的参数值从小到大进行排列。当不确定子元素的 box-ordinal-group 属性值时，其序号全部默认为 1，并且相同序号的元素会按照其在文档中加载的顺序进行排列。

默认情况下，子元素根据元素的位置进行排列。

Section 9.6　有问必答

1. 在 Dreamweaver CC 中，如何对盒子的空间进行管理？

当弹性元素和非弹性元素混合排版时，可能会出现所有子元素的尺寸大于或小于盒子的尺寸，从而导致盒子空间不足或者富余的情况。若想调整盒子的空间，可以使用 box-align 和 box-pack 属性。

Dreamweaver CC中文版网页设计与制作

2. 如何处理盒子空间溢出的现象?

弹性布局的盒子与传统盒子模型一样,盒子中的元素很容易出现空间溢出现象。用户可以使用 box-lines 属性来避免空间溢出现象。

3. 如何控制盒子中的子元素在盒子中的显示空间?

使用 box-flex 属性能够灵活地控制盒子中的子元素在盒子中的显示空间。

4. 在使用 CSS+Div 布局时,如何对元素进行位置和大小的控制?

用户可以通过 CSS 的定位属性对元素进行位置和大小的控制。position 属性是最主要的定位属性,既可以定义元素的绝对位置,又可以定义元素的相对位置。

5. 如何将元素的定位方式设置为相对定位?

设置 position 属性为 relative 即可将元素的定位方式设置为相对定位。

第10章

使用模板和库创建网页

❖ 使用模板
❖ 设置模板
❖ 管理模板
❖ 专题课堂——创建与应用库项目

　　本章主要介绍使用模板、设置模板、管理模板以及创建与应用库项目方面的知识与技巧，在本章的最后还针对实际的工作需求，讲解了重命名库项目、删除库项目、恢复删除的库项目等的方法。通过本章的学习，读者可以掌握使用模板和库创建网页方面的知识，为深入学习 Dreamweaver CC 知识奠定基础。

Dreamweaver CC 中文版网页设计与制作

Section

10.1 使用模板

在制作网站的过程中，为了统一风格，很多页面会用到相同的布局、图片和文字元素。为了避免重复创建，可以使用 Dreamweaver CC 提供的模板功能。本节将详细介绍创建模板方面的知识。

10.1.1 模板的特点

微课堂
00 分 38 秒

使用模板能够大大提高设计者的工作效率。模板的原理是当用户对一个模板进行修改后，所有使用了这个模板的网页内容都将随之同步修改。简单地说，就是一次可以更新多个页面，这也是模板最强大的功能之一。在实际工作中，尤其是对于一些大型的网站，其效果是非常明显的。所以说，模板与基于模板的网页文件之间保持了一种链接的状态，它们之间共同的内容也能够保持完全一致。

什么样的网站比较适合使用模板技术呢？如果一个网站布局比较统一，拥有相同的导航，并且显示不同栏目内容的位置基本不变，那么这种布局的网站就可以考虑使用模板来创建。

模板能够确定页面的基本结构，并且其中可以包含文本、图像、页面布局、样式和可编辑区域等对象。

作为一个模板，Dreamweaver 会自动锁定文档中的大部分区域。模板设计者可以定义基于模板的页面中哪些区域是可编辑的，方法是在模板中插入可编辑区域或可编辑参数。在创建模板时，可编辑区域和锁定区域都可以更改。但是，在基于模板的文档中，模板用户只能在可编辑区域中进行修改，至于锁定区域则无法进行任何操作。

🔘 **知识拓展**

适当地使用模板可以节约大量的时间，而且模板将确保站点拥有统一的外观和风格，更容易为访问者导航。模板不属于 HTML 语言的基本元素，是 Dreamweaver 特有的内容，它可以避免重复地在每个网页中输入或修改相同的部分。

10.1.2 创建模板

微课堂
00 分 25 秒

在 Dreamweaver CC 中，用户有两种方法创建模板：一种是将现有的网页文件另存为模板，然后根据需要进行修改；另一种是直接新建一个空白模板，然后在其中插入需要显示的文档内容。模板实际上也是一种文档，其扩展名为.dwt，存放在站点根目录下的 Templants 文件夹中，如果该 Templants 文件夹在站点中尚不存在，Dreamweaver 将在保存新建的模板时自动创建。下面详细介绍创建模板的操作方法。

操作步骤 >> **Step by Step**

第1步　在 Dreamweaver CC 中打开素材文件，*1.* 单击【文件】主菜单，*2.* 在弹出的菜单中选择【另存为模板】菜单项，如图 10-1 所示。

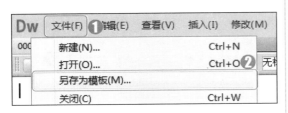

图 10-1

第2步　弹出【另存模板】对话框，单击【保存】按钮，如图 10-2 所示。

图 10-2

第3步　弹出提示框，提示是否更新页面中的链接，单击【否】按钮即可完成另存为模板的操作，如图 10-3 所示。

图 10-3

■ 指点迷津

在 Dreamweaver 中，不要将模板文件移动到 Templates 文件夹外，不要将其他非模板文件存放到 Templates 文件夹中，也不要将 Templates 文件夹移动到本地根目录外，因为这些操作都会引起模板的路径错误。

⊙ 知识拓展

将文档指定为模板时，应先定义本地站点。在【另存模板】对话框中单击【站点】下拉按钮，在弹出的下拉列表框中可以选择保存模板的本地站点。

10.1.3 嵌套模板

微课堂
00分23秒

嵌套模板其实就是基于另一个模板创建的模板。如果要创建嵌套模板，首先要保存一个基础模板，然后使用基础模板创建新的文档，再把该文档保存为嵌套模板。在这个新的嵌套模板中，可以对基础模板中定义的可编辑区域作进一步的定义。

在一个整体站点中，利用嵌套模板可以让多个栏目的风格保持一致，并在细节上有所不同。嵌套模板还有利于页面内容的控制、更新和维护。修改基础模板将自动更新基于该

Dreamweaver CC 中文版网页设计与制作

基础模板创建的嵌套模板和基于该基础模板及其嵌套模板的所有网页文档。

Section 10.2 设置模板

 **导读** 在一般情况下，模板页中的所有区域都是被锁定的，为了以后添加不同的内容，可以设置模板中的编辑区域。本节将详细介绍定义与应用模板方面的知识。

10.2.1 定义可编辑区域

 微课堂 00分23秒

在模板中，可编辑区域是页面的一部分。默认情况下，新创建的模板所有区域都处于锁定状态，在编辑区域之前，需要将模板中的某些区域设置为可编辑区域。下面详细介绍定义可编辑区域的操作方法。

操作步骤 >> **Step by Step**

第1步 将鼠标指针定位在 Div 中，*1.* 在【插入】面板中选择【模板】选项，*2.* 选择【可编辑区域】选项，如图 10-4 所示。

第2步 弹出【新建可编辑区域】对话框，*1.* 在【名称】文本框中输入该区域的名称，*2.* 单击【确定】按钮，如图 10-5 所示。

图 10-4

图 10-5

第3步 通过以上步骤即可完成定义可编辑区域的操作，如图 10-6 所示。

图 10-6

■ 指点迷津

可编辑区域在模板页面中由高亮显示的矩形边框围绕，区域左上角的选项卡会显示该区域的名称，在为可编辑区域命名时，不能使用某些特殊字符，如双引号等。

10.2.2　定义可选区域

00 分 16 秒

　　用户可以显示或隐藏可选区域，在这些区域中用户无法编辑其内容，但可以设置该区域在所创建的页面中是否显示。下面详细介绍定义可选区域的操作方法。

操作步骤　>>　Step by Step

第 1 步　将鼠标指针定位在 Div 中，**1.** 在【插入】面板中选择【模板】选项，**2.** 选择【可选区域】选项，如图 10-7 所示。

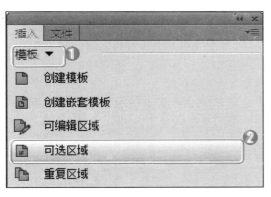

图 10-7

第 3 步　通过上述步骤即可完成定义可选区域的操作，如图 10-9 所示。

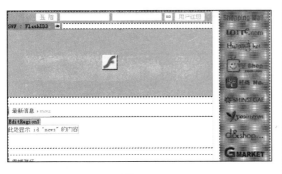

图 10-9

第 2 步　弹出【新建可选区域】对话框，单击【确定】按钮，如图 10-8 所示。

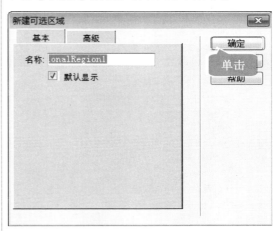

图 10-8

■ 指点迷津

　　【新建可选区域】对话框中各选项的功能如下。【名称】文本框用于输入可选区域的名称；选中【默认显示】复选框可以在默认情况下将可选区域在基于模板的页面中显示；【高级】选项卡下的【使用参数】单选按钮可以链接所选区域的参数；选中【高级】选项卡下的【输入表达式】单选按钮，可以输入表达式。

10.2.3　定义重复区域

00 分 15 秒

　　重复区域是可以根据需要再给予模板的页面中任意复制的模板部分。重复区域通常用于表格，也可以为其他页面元素定义重复区域。下面详细介绍定义重复区域的操作方法。

Dreamweaver CC 中文版网页设计与制作

操作步骤 >> Step by Step

第1步 将鼠标指针定位在准备插入重复区域的位置，*1.* 在【插入】面板中选择【模板】选项，*2.* 选择【重复区域】选项，如图 10-10 所示。

图 10-10

第3步 通过上述步骤即可完成定义重复区域的操作，如图 10-12 所示。

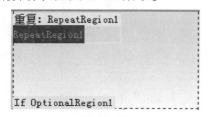

图 10-12

第2步 弹出【新建重复区域】对话框，单击【确定】按钮，如图 10-11 所示。

图 10-11

■ 指点迷津

使用重复区域，用户可以通过重复特定项目来控制页面布局，如目录项、说明布局或者重复数据行(项目列表)。重复区域可以使用重复区域和重复表格两种重复区域模板对象。重复区域不是可编辑区域，如果要使重复区域中的内容可编辑，必须在重复区域内插入可编辑区域。

10.2.4 定义重复表格

微课堂 00分26秒

重复区域通常用于表格中，包括表格中可编辑区域的重复区域，可以定义表格的属性，设置表格中的哪些单元格为可编辑的。下面详细介绍定义重复表格的操作方法。

操作步骤 >> Step by Step

第1步 将鼠标指针定位在准备插入重复表格的位置，*1.* 在【插入】面板中选择【模板】选项，*2.* 选择【重复表格】选项，如图 10-13 所示。

图 10-13

第2步 弹出【插入重复表格】对话框，*1.* 在【行数】文本框输入 3，*2.* 在【列】文本框输入 3，*3.* 在【宽度】文本框中输入 25，*4.* 单击【确定】按钮，如图 10-14 所示。

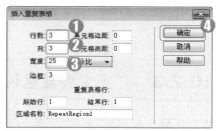

图 10-14

第3步　通过上述步骤即可完成定义重复表格的操作，如图 10-15 所示。

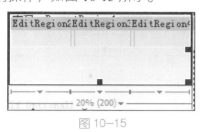

图 10-15

■ **指点迷津**

在【插入重复表格】对话框中，各选项的功能如下。【行数】文本框用于设置插入表格的行数；【列】文本框用于设置插入表格的列数；【单元格边距】文本框用于设置表格的单元格边距；【单元格间距】文本框用于设置表格的单元格间距。

Section 10.3　管理模板

导读

创建模板后，就可以应用模板并进行相应的管理，可以执行基于模板创建网页、在现有文档中应用模板和更新模板中的页面等操作。本节将详细介绍应用与管理模板方面的知识。

10.3.1　创建基于模板的网页

微课堂
00 分 28 秒

创建基于模板的网页有很多种方法，可以使用【资源】面板或者通过【新建文档】对话框，在这里主要介绍如何通过【新建文档】对话框来创建基于模板的网页。

操作步骤　>>　Step by Step

第1步　在 Dreamweaver CC 中，**1.** 单击【文件】主菜单，**2.** 在弹出的菜单中选择【新建】菜单项，如图 10-16 所示。

图 10-16

第2步　弹出【新建文档】对话框，**1.** 选择【空白页】选项，**2.** 在【页面类型】列表中选择 HTML 选项，**3.** 单击【创建】按钮，如图 10-17 所示。

图 10-17

Dreamweaver CC 中文版网页设计与制作

第 3 步　在新建的 HTML 文档中，**1.** 单击【修改】主菜单，**2.** 在弹出的菜单中选择【模板】菜单项，**3.** 在弹出的子菜单中选择【应用模板到页】菜单项，如图 10-18 所示。

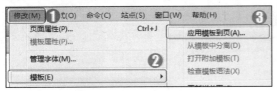

图 10-18

第 5 步　通过以上步骤即可完成创建基于模板的网页的操作，如图 10-20 所示。

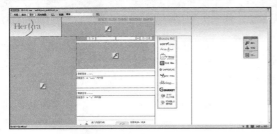

图 10-20

第 4 步　弹出【选择模板】对话框，**1.** 在【模板】列表框中选中准备应用的模板，**2.** 单击【选定】按钮，如图 10-19 所示。

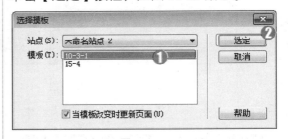

图 10-19

■ 指点迷津

在【选择模板】对话框中，如果勾选【当模板改变时更新页面】复选框，则模板更新时页面也随之更新；如果不勾选此复选框，则模板更新页面不同时更新。

10.3.2　更新模板和基于模板的网页

微课堂 00 分 19 秒

对于使用模板的网站来说，想要更新整个网站或是一个网站里面的几个页面，用户可以通过修改和更新模板来达到更新整个网站的目的。下面详细介绍更新模板和基于模板的网页的操作方法。

在模板页面中进行修改，然后单击【文件】主菜单，在弹出的菜单中选择【保存】菜单项，如图 10-21 所示；弹出【更新页面】对话框显示更新的结果，如图 10-22 所示。

图 10-21

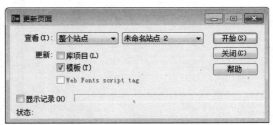

图 10-22

知识拓展

　　在【更新页面】对话框中，在【查看】下拉列表框中可以选择【整个站点】、【文件使用】或【已选文件】选项。如果选择【整个站点】选项，则要确认更新了哪个站点的模板生成网页；如果选择【文件使用】选项，则要选择更新使用了哪个模板生成网页。选中【显示记录】复选框，会显示正在更新的记录。

10.3.3　删除页面中使用的模板

00 分 21 秒

　　如果不希望对基于模板的页面进行更新，可以单击【修改】主菜单，在弹出的菜单中选择【模板】菜单项，在弹出的子菜单中选择【从模板中分离】菜单项，即可使基于模板生成的页面脱离模板，成为普通网页，如图 10-23 所示。

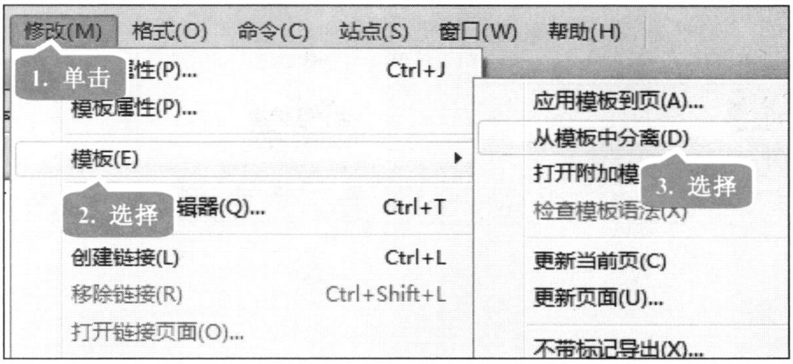

| 修改(M) | 格式(O) | 命令(C) | 站点(S) | 窗口(W) | 帮助(H) |

1. 单击 性(P)...　　　　　　Ctrl+J
模板属性(P)...

模板(E)　　　　　　　　　▶　　应用模板到页(A)...
　　　　　　　　　　　　　　　　从模板中分离(D)
2. 选择　辑器(Q)...　　Ctrl+T　　打开附加模... 3. 选择
　　　　　　　　　　　　　　　　检查模板语法(X)
创建链接(L)　　　　　　Ctrl+L
移除链接(R)　　　Ctrl+Shift+L　　更新当前页(C)
打开链接页面(O)...　　　　　　　更新页面(U)...

　　　　　　　　　　　　　　　　不带标记导出(X)...

图 10—23

Section
10.4　专题课堂——创建与应用库项目

导读

　　在 Dreamweaver CC 中，可以把网站中需要重复使用或需要经常更新的页面元素存入库(Library)中以方便使用。本节将详细介绍创建与应用库项目的操作方法。

10.4.1　认识库项目

00 分 16 秒

　　库是一种特殊的 Dreamweaver 文件，其中包含可放置到网页中的一组单个资源或资源副本，库中的这些资源称为库项目。可在库中存储的项目包括图像、表格、声音和使用 Adobe Flash 创建的文件。每当编辑某个库项目时，可以自动更新所有使用该项目的页面。如果库

Dreamweaver CC 中文版网页设计与制作

项目中包含链接，链接可能无法在新站点中工作。此外，库项目中的图像不会被复制到新站点中。每个站点都有自己的库，使用库比使用模板具有更大的灵活性。

默认情况下，【库】面板显示在【资源】面板中，在菜单栏中单击【窗口】主菜单，在弹出的菜单中选择【资源】菜单项即可打开【资源】面板，如图 10-24 所示；在【资源】面板中单击【库】按钮，即可显示【库】面板，如图 10-25 所示。

图 10-24

图 10-25

在【库】面板中，各个选项的功能如下。

➤ 【插入】按钮：选中库中的某个项目，单击该按钮即可将库项目插入到当前文档中。

➤ 【编辑】按钮：在编辑按钮区域包括【刷新站点列表】、【新建库项目】、【编辑】和【删除】等按钮，选中库项目后单击对应的按钮，将执行相应的操作。

➤ 【库项目】列表：在该列表中列出了当前库中的所有项目，包括库项目的名称、大小和完成路径。

10.4.2 创建库项目

微课堂
00 分 24 秒

创建库项目是将网页中经常用到的对象转化为库项目，然后作为一个对象插入到其他网页中。下面详细介绍创建库项目的操作方法。

➡ 专家解读

创建库项目和创建模板相似，在创建库项目之后，Dreamweaver 会自动在当前站点的根目录下创建一个名为 Library 的文件夹，将库项目文件放置到该文件夹中。

操作步骤 >> Step by Step

第1步 启动 Dreamweaver CC 程序，*1.* 单击【文件】主菜单，*2.* 在弹出的菜单中选择【新建】菜单项，如图 10-26 所示。

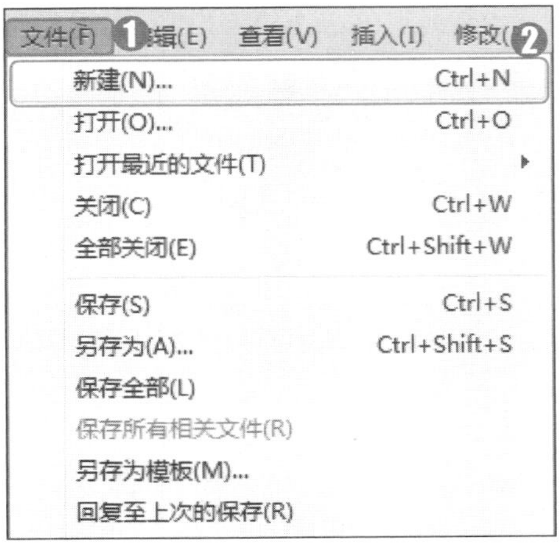

第2步 弹出【新建文档】对话框，*1.* 在左侧选择【空白页】选项，*2.* 在【页面类型】列表中选择【库项目】选项，*3.* 单击【创建】按钮，即可完成创建基于模板的网页的操作，如图 10-27 所示。

图 10-26

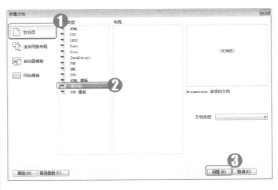

图 10-27

10.4.3 插入库项目

微课堂
00分10秒

在完成了库项目的创建后，接下来就可以将库项目插入到相应的网页中了，这样在整个网页的制作过程中可以节省很多时间。下面详细介绍插入库项目的操作方法。

操作步骤 >> Step by Step

第1步 在【资源】面板的【库项目】列表中，*1.* 选中库项目，*2.* 单击【插入】按钮，如图 10-28 所示。

第2步 通过上述步骤即可完成插入库项目的操作，如图 10-29 所示。

图 10-28

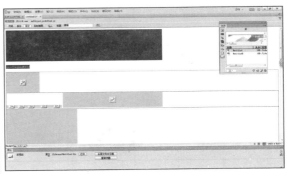

图 10-29

10.4.4 修改库项目

微课堂
00分26秒

如果需要修改库项目，可以在【资源】面板的【库项目】列表中选择需要修改的库项目，然后单击【编辑】按钮，在 Dreamweaver 中打开该库项目进行编辑，如图 10-30 所示。修改完成后保存即可。

图 10-30

10.4.5 更新库项目

微课堂
00分20秒

完成库项目的修改后，用户可以将修改后的库项目进行保存并更新，下面详细介绍更新库项目的操作方法。

操作步骤 >> **Step by Step**

第1步 右击【库项目】列表的空白区域，在弹出的快捷菜单中选择【更新站点】菜单项，如图 10-31 所示。

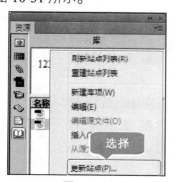

图 10-31

第2步 弹出【更新页面】对话框，显示更新站内使用了该库项目的页面文件，单击【开始】按钮。更新完成后，单击【关闭】按钮，即可完成更新库项目的操作，如图 10-32 所示。

图 10-32

Section
10.5 实践经验与技巧

本节将侧重介绍和讲解与本章知识点有关的实践经验与技巧，主要包括重命名库项目、删除库项目和恢复删除的库项目等方面的知识与操作技巧。

10.5.1 重命名库项目

微课堂 00 分 19 秒

在 Dreamweaver CC 中，用户可以重命名库项目的名称。下面详细介绍重命名库项目的操作方法。

操作步骤 >> **Step by Step**

第 1 步 在【库项目】列表中，右击准备重命名的库项目，在弹出的快捷菜单中选择【重命名】菜单项，如图 10-33 所示。

第 2 步 在文本框中输入新的名称，按键盘上的 Enter 键即可完成重命名库项目的操作，如图 10-34 所示。

图 10-33

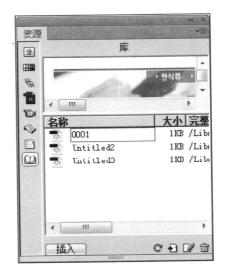

图 10-34

10.5.2 删除库项目

微课堂 00 分 16 秒

在 Dreamweaver CC 中，如果用户不再使用某个库项目时，可以将其删除。下面介绍

Dreamweaver CC 中文版网页设计与制作

删除库项目的操作方法。

操作步骤 >> **Step by Step**

第1步 在【库项目】列表中，右击准备
删除的库项目，在弹出的快捷菜单中选择【删
除】菜单项，如图 10-35 所示。

第2步 弹出 Dreamweaver 对话框，单击
【是】按钮即可完成删除库项目的操作，如
图 10-36 所示。

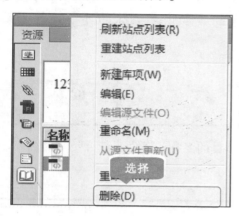

图 10-35

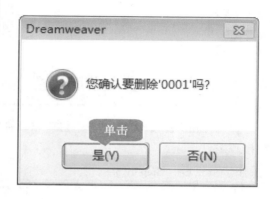

图 10-36

10.5.3　恢复删除的库项目

微课堂
00 分 12 秒

　　删除一个库项目后，将无法使用撤销命令来找回它，只能重新创建。从库中删除项目
后，不会更改任何使用该项目的文档的内容。下面详细介绍重新创建已删除库项目的具体
操作步骤。

操作步骤 >> **Step by Step**

第1步 选中被删除库项目的内容，在【属
性】面板中单击【重新创建】按钮，如图 10-37
所示。

第2步 弹出 Dreamweaver 对话框，单击
【确定】按钮即可重新创建库项目，如图 10-38
所示。

图 10-37

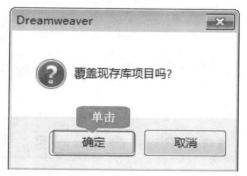

图 10-38

10.5.4　定义可编辑的可选区域

微课堂
00 分 15 秒

　　将模板页面中的某一部分内容定义为可编辑的可选区域，则该部分内容可以在基于模板的页面中设置显示或隐藏该区域，并可以编辑该区域中的内容。下面详细介绍定义可编辑的可选区域的操作方法。

操作步骤 >> **Step by Step**

第1步　在【插入】面板中，**1.** 选择【模板】选项，**2.** 选择【可编辑的可选区域】选项，如图 10-39 所示。

第2步　弹出【新建可选区域】对话框，单击【确定】按钮，如图 10-40 所示。

图 10-39

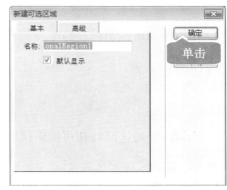

图 10-40

第3步　通过以上步骤即可完成定义可编辑的可选区域的操作，如图 10-41 所示。

图 10-41

一点即通

　　在页面中不论是定义可编辑区域还是定义可编辑的可选区域，所弹出的对话框都是【新建可选区域】对话框，其中的选项也完全相同。

Section 10.6　有问必答

1. 如何设置可编辑标签的属性？

　　设置可编辑标签的属性可以使用户从基于模板的网页中修改指定标记的属性。设置可

Dreamweaver CC中文版网页设计与制作

编辑标签属性的方法是在页面中选中一个页面元素，然后执行【修改】→【模板】→【令属性可编辑】命令，弹出【可编辑标签属性】对话框，单击【添加】按钮，在弹出的对话框中输入相应的属性，单击【确定】按钮即可完成设置。

2. 如何将制作完成的页面中的某一处内容转换为库项目？

选中内容，然后执行【修改】→【库】→【增加对象到库】命令，即可将选中的内容转换为库项目。

3. 如何预览制作的网页模板效果？

如果用户需要预览所制作的网页模板效果，单击选项工具栏中的【实时视图】按钮，在实时视图中即可预览效果。

4. 如何区分可编辑内容与不可编辑内容？

在 Dreamweaver 中，基于模板的页面在设计视图中四周会出现黄色的边框，并且在窗口右上角显示模板的名称。在该页面中只有编辑区域的内容能够被编辑，在可编辑区域外的内容将被锁定，无法编辑。

5. 如何区分可选区域和可编辑区域？

可选区域并不是可编辑区域，可选区域仍然是被锁定的，是不可编辑的。当然也可以将可选区域设置为可编辑区域，两者并不冲突。

第11章

使用表单

❖ 表单概述

❖ 添加表单

❖ 网页元素

❖ 日期与时间元素

❖ 选择元素

❖ 专题课堂——按钮元素

本章要点

本章主要内容

　　本章主要介绍表单概述、添加表单、网页元素、日期与时间元素、选择元素和按钮元素方面的知识与技巧，在本章的最后还针对实际的工作需求，讲解了插入文件对象、插入隐藏对象和插入文本区域的方法。通过本章的学习，读者可以掌握表单方面的知识，为深入学习 Dreamweaver CC 知识奠定基础。

Dreamweaver CC 中文版网页设计与制作

表单提供了从用户那里收集信息的方法，表单具有调查、订购和搜索等功能。一般的表单由两部分组成：一是描述表单元素的 HTML 源代码；二是客户端脚本，或者是服务器端用来处理用户所填写信息的程序。本节将详细介绍有关表单的知识。

11.1.1　关于表单

表单是 Internet 用户和服务器进行信息交流的最重要的工具。通常，一个表单中会包含多个对象，有时它们被称为控件，如用于输入文本的文本域、用于发送命令的按钮、用于选择项目的单选按钮和复选框，以及用于显示选项列表的列表框等。

当访问者将信息输入到表单并单击【提交】按钮时，这些信息将被发送到服务器，服务器端脚本或应用程序在该处对这些信息进行处理，服务器通过将请求信息发送回用户或基于该表单内容执行一些操作来进行响应。通常，通过通用网关接口(CGI)脚本、ColdFusion 页、JSP、PHP 或 ASP 来处理信息，如果不使用服务器端脚本或应用程序来处理表单数据就无法收集这些数据。

表单是网页中所包含的单元，如同 HTML 的 Div。所有的表单元素都包含在<form>与</form>标签中，表单与 Div 的不同之处是在页面中可以插入多个表单，但是不可以像 Div 那样嵌套表单。

一个完整的表单设计应该很明确地分为表单对象部分和应用程序部分，它们分别由网页设计师和程序师来设计完成。其过程是这样的：首先由网页设计师制作出一个可以让浏览者输入各项资料的表单页面，这部分属于在显示器上可以看得到的内容，此时的表单是一个外壳而已，不具有真正工作的能力，需要后台程序的支持；接着由程序设计师通过 ASP 或 CGI 程序，来编写处理各项表单资料和反馈信息等操作所需的程序，这部分浏览者虽然看不见，但却是表单处理的核心。

知识拓展

表单是由窗体和控件组成的，一个表单一般包含用户填写信息的输入框和【提交】按钮等，这些输入框和按钮叫作控件。

11.1.2　常用表单元素

在 Dreamweaver CC 的【插入】面板中有一个【表单】选项卡，切换到【表单】选项卡，可以看到能够在网页中插入的所有表单元素，如图 11-1、图 11-2 和图 11-3 所示。

➤ 【表单】选项：选择该选项，可以在网页中插入一个表单域。所有表单元素要想实现作用，就必须存在于表单域中。

➤ 【文本】选项：选择该选项，可在表单域中插入一个可以输入一行文本的文本域。文本域可以接受任何类型的文本、字母与数字内容。

➤ 【密码】选项：选择该选项，可在表单域中插入密码域。密码域可以接受任何类型的文本、字母与数字内容，在以密码域方式显示的时候，输入的文本会以星号或项目符号的方式显示，这样可以避免其他用户看到这些文本信息。

图 11-1

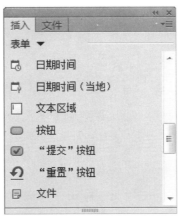
图 11-2

图 11-3

➤ 【文本区域】选项：选择该选项，可在表单域中插入一个可以输入多行文本的文本区域。

➤ 【按钮】选项：选择该选项，可在表单域中插入一个普通按钮。单击该按钮，可以执行某一脚本或程序，并且用户还可以自定义按钮的名称和标签。

➤ 【"提交"按钮】选项：选择该选项，可在表单域中插入一个【提交】按钮。该按钮用于向表单处理程序提交表单域中所填写的内容。

➤ 【"重置"按钮】选项：选择该选项，可在表单域中插入一个【重置】按钮，重置按钮会将所有的表单字段重置为初始值。

➤ 【文件】选项：选择该选项，可在表单域中插入一个文本字段和一个【浏览】按钮。浏览者可以使用文件域浏览本地计算机上的某个文件并将该文件作为表单数据上传。

➤ 【图像按钮】选项：选择该选项，可在表单域中插入一个可放置图像的区域。放置的图像用于生成图形化的按钮，如【提交】或【重置】按钮。

➤ 【隐藏】选项：选择该选项，可在表单域中插入一个隐藏域。隐藏域可以存储用户输入的信息，如姓名、电子邮件地址或常用的查看方式，在用户下次访问该网站的时候使用这些数据。

➤ 【选择】选项：选择该选项，可在表单域中插入选择列表或菜单。【列表】选项用

Dreamweaver CC 中文版网页设计与制作

于在一个列表框中显示选项值，浏览者可以从该列表框中选择多个选项。【菜单】选项则是在一个菜单中显示选项值，浏览者只能从中选择单个选项。

➢ 【单选按钮】选项：选择该选项，可在表单域中插入一个单选按钮。单选按钮代表相互排斥的选择。在某一个单选按钮组(两个或多个共享统一名称的按钮组成)中选择一组单选按钮，可以直接插入多个(两个或两个以上)单选按钮。

➢ 【复选框】选项：选择该选项，可在表单域中插入一个复选框。复选框允许在一组选项框中选择多个选项，即用户可以选择任意多个适用的选项。

➢ 【复选框组】选项：选择该选项，可在表单域中插入一组复选框。复选框组能够同时添加多个复选框。在【复选框组】对话框中可以添加或删除复选框的数量，在【标签】和【值】列表中可以输入需要更改的内容，如图 11-4 所示。

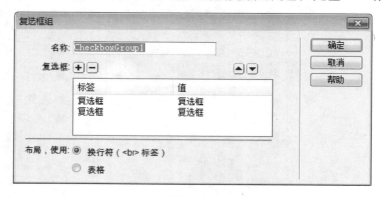

图 11-4

➢ 【域集】选项：选择该选项，可在表单域中插入一个域集标签<fieldset>。<fieldset>标签用于将表单中的相关元素分组。<fieldset>标签将表单内容一部分打包，生成一组相关表单的字段。<fieldset>标签没有必需的或唯一的属性。当把一组表单元素放到<fieldset>标签中时，浏览器会以特殊方式来显示它们。

➢ 【标签】选项：选择该选项，可在表单域中插入<label>标签。label 元素不会向用户呈现任何特殊的样式，不过，它为用户改善了鼠标可用性，因为如果用户单击 label 元素内的文本就会切换到控件本身。<label>标签的 for 属性应该等于相关元素的 id 元素，以便将它们捆绑起来。

11.1.3　HTML5 表单元素

微课堂
00 分 35 秒

Dreamweaver CC 提供了对 CSS 3.0 和 HTML5 的强大支持，在【插入】面板的【表单】选项卡中新增了多种 HTML5 表单元素的插入按钮，以便用户快速地在网页中插入并应用 HTML5 表单元素，如图 11-5 和图 11-6 所示。

➢ 【电子邮件】选项：该选项为 HTML5 新增的功能，单击该选项，可以在表单域中插入电子邮件类型的元素。电子邮件类型用于应该包含 E-mail 地址的输入域，在提交表单时会自动验证 E-mail 域的值。

➢ Url 选项：该选项是 HTML5 新增的功能，单击该选项，可以在表单域中插入 Url

类型的元素。Url 属性用于返回当前文档的 URL。

➢ Tel 选项：该选项为 HTML5 新增的功能，单击该选项，可以在表单域中插入 Tel 类型的元素，它应用于电话号码的文本字段。

➢ 【搜索】选项：该选项为 HTML5 新增的功能，单击该选项，可以在表单域中插入搜索类型的元素，它应用于搜索的文本字段。Search 属性是一个可读、可写的字符串，可设置或返回当前 URL 的查询部分(问号 " ？ " 之后的部分)。

图 11-5　　　　　　　　　　　　　　　图 11-6

➢ 【数字】选项：该选项为 HTML5 新增的功能，单击该选项，可以在表单域中插入数字类型的元素，它应用于带有 spinner 控件的数字字段。

➢ 【范围】选项：该选项为 HTML5 新增的功能，单击该选项，可以在表单域中插入范围类型的元素。Range 对象表示文档的连续范围区域，如用户在浏览器窗口中用鼠标拖动选中的区域。

➢ 【颜色】选项：该选项为 HTML5 新增的功能，单击该选项，可以在表单域中插入颜色类型的元素。color 属性用于设置文本的颜色(元素的前景色)。

➢ 【月】选项：该选项为 HTML5 新增的功能，单击该选项，可以在表单域中插入月类型的元素，它应用于日期字段的月(带有 calendar 控件)。

➢ 【周】选项：该选项为 HTML5 新增的功能，单击该选项，可以在表单域中插入周类型的元素，它应用于日期字段的周(带有 calendar 控件)。

➢ 【日期】选项：该选项为 HTML5 新增的功能，单击该选项，可以在表单域中插入日期类型的元素，它应用于日期字段(带有 calendar 控件)。

➢ 【时间】选项：该选项为 HTML5 新增的功能，单击该选项，可以在表单域中插入时间类型的元素，它应用于时间字段的时、分、秒(带有 time 控件)。<time>标签用于定义公历的时间(24 小时制)或日期，时间和时区偏移是可选的。

➢ 【日期时间】选项：该选项为 HTML5 新增的功能，单击该选项，可以在表单域中插入日期时间类型的元素，它应用于日期字段(带有 calendar 控件和 time 控件)。datetime 属性用于规定文本被删除的日期和时间。

➢ 【日期时间(当地)】选项：该选项为 HTML5 新增的功能，单击该选项，可以在表

Dreamweaver CC 中文版网页设计与制作

单域中插入日期时间(当地)类型的元素，它应用于日期字段(带有 calendar 控件和 time 控件)。

Section 11.2 添加表单

 每个表单都是由一个表单域和若干个表单元素组成的。使用表单必须具备两个条件：一个是含有表单元素的网页文档，另一个是具备服务器端的表单处理应用程序或客户端脚本程序。本节将详细介绍添加表单的知识。

11.2.1 插入表单域

00 分 12 秒

表单域是表单中必不可少的一项元素，所有的表单元素都要放在表单域中才会有效。制作表单页面的第一步就是插入表单域，下面详细介绍其具体操作方法。

操作步骤 >> **Step by Step**

第1步 在【插入】面板中，**1.** 选择【表单】选项，**2.** 选择【表单】选项，如图 11-7 所示。

第2步 通过以上步骤即可完成插入表单域的操作，如图 11-8 所示。

图 11-7

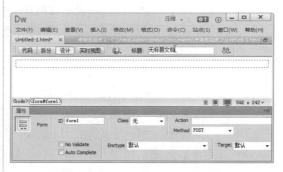

图 11-8

📛 知识拓展

在 Dreamweaver 设计视图中，插入表单域后如果没有显示红色的虚线框，执行【查看】→【可视化助理】→【不可见元素】命令即可在 Dreamweaver 设计视图中看到插入的表单域的红色虚线框。红色虚线框在浏览器中是看不到的，在 Dreamweaver 中显示是为了制作网页时方便处理。

选中表单域，可以在【属性】面板中对表单域的属性进行设置，如图 11-9 所示。

图 11-9

➢ ID 文本框：用来设置表单的名称。为了正确地处理表单，一定要给表单设置一个名称。

➢ Class 下拉列表框：在 Class 下拉列表框中可以选择已经定义好的类 CSS 样式。

➢ Action 文本框：用来设置处理这个表单的服务器端脚本的路径。如果希望该表单通过 E-mail 方式发送，而不被服务器脚本处理，需要在该文本框中输入 mailto 以及要发送到的邮箱地址。

➢ Method 下拉列表框：用来设置将表单数据发送到服务器的方法，共有 3 个选项，分别是【默认】、POST 和 GET 选项。如果选择【默认】或 GET 选项，将以 GET 方法发送表单数据，即把表单数据附加到请求 URL 中发送；如果选择 POST 选项，将以 POST 方法发送表单数据，即把表单数据嵌入 http 请求中发送。

➢ Title 文本框：用于设置表单域的标题名称。

➢ No Validate 复选框：Validate 属性为 HTML5 新增的表单属性，选中该复选框，表示当提交表单时不对表单中的内容进行验证。

➢ Auto Complete 复选框：Complete 属性为 HTML5 新增的表单属性，选中该复选框，表示启用表单的自动完成功能。

➢ Enctype 下拉列表框：用来设置发送数据的编码类型，共有两个选项，分别是 application/x-www-form- urlencoded 和 multipart/form-data，默认的编码类型是 application/x-www-form- urlencoded。application/x-www-form- urlencoded 通常和 POST 方法协同使用，如果表单中包含文件上传域，则应该选择 multipart/form-data。

➢ Target 下拉列表：用于设置表单被处理后使网页打开的方式，共有 6 个选项，分别是【默认】、_blank、_new、_parent、_self 和_top 选项。网站默认的打开方式是在原窗口中打开。

➢ Accept Charset 下拉列表框：该选项用于设置服务器处理表单数据所接受的字符集，共有 3 个选项，分别是【默认】、UTF-8 和 ISO-8859-1 选项。

11.2.2　插入文本域

00 分 12 秒

文本域也是网页表单中最常用的一种表单元素，在文本域中可以输入任何类型的文本、数字或字母。下面详细介绍插入文本域的操作方法。

Dreamweaver CC 中文版网页设计与制作

操作步骤 >> **Step by Step**

第1步 在【插入】面板中，**1.** 选择【表单】选项，**2.** 选择【文本】选项，如图 11-10 所示。

第2步 通过以上步骤即可完成插入文本域的操作，如图 11-11 所示。

图 11-10

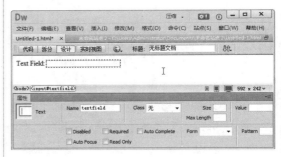

图 11-11

选中在页面中插入的文本域，在【属性】面板中可以对文本域的属性进行相应设置，如图 11-12 所示。

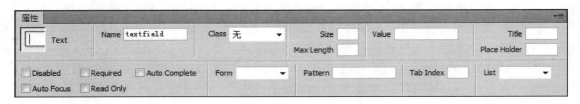

图 11-12

> Name 文本框：在该文本框中可以为文本域指定一个名称。每个文本域都必须有一个唯一的名称，所选名称必须在表单内唯一标识该文本域。表单元素的名称不能包含空格或特殊字符，可以使用字母、数字字符和下划线的任意组合。注意，为文本域指定的名称最好便于记忆。

> Size 文本框：该文本框用于设置文本域中最多可以显示的字符数。

> Max Length 文本框：该文本框用于设置文本域中最多可以输入的字符数。如果不设置该项，则用户可以输入任意数量的文本。

> Value 文本框：在该文本框中可以输入一些提示性的文本，以帮助浏览者顺利填写该文本域中的资料。在浏览者输入资料时，初始文本将被输入的内容代替。

> Title：用于设置文本域的提示标题文字。

> Place Holder 文本框：该属性为 HTML5 新增的表单属性，用于设置文本域预期值的提示信息，该提示信息会在文本域为空时显示，并在文本域获得焦点时消失。

> Disable 复选框：选中该复选框，表示禁用该文本字段，被禁用的文本域既不可用，也不可单击。

> Auto Focus 复选框：该属性为 HTML5 新增的表单属性，选中该复选框，当网页被加载时，该文本域会自动获得焦点。

➤ Required 复选框：该属性为 HTML5 新增的表单属性，选中该复选框，则在提交表单之前必须填写所选文本域。

➤ Read Only 复选框：选中该复选框，表示所选文本域为只读属性，不能对该文本域中的内容进行修改。

➤ Auto Complete 复选框：Complete 属性为 HTML5 新增的表单属性，选中该复选框，表示启用表单的自动完成功能。

➤ Form 下拉列表框：该属性用于设置与表单元素相关的表单标签的 ID，可以在该下拉列表框中选择网页中已经存在的表单域标签。

➤ Pattern 文本框：用于设置文本域值的模式或格式。

➤ Tab Index 文本框：该属性用于设置表单元素 Tab 键的控制次序。

➤ List 下拉列表框：该属性为 HTML5 新增的表单属性，用于设置引用数据列表，其中包含文本域的预定义选项。

Section 11.3　网页元素

导读　　表单中的网页元素包括表单密码、URL 对象、Tel 对象、搜索对象、数字对象、范围对象、颜色对象和电子邮件对象等。本节将详细介绍在表单中插入网页元素的操作方法。

11.3.1　表单密码

微课堂　00 分 11 秒

密码域和文本域的形式是一样的，只是在密码域中输入的内容会以星号或圆点的方式显示。下面详细介绍插入密码域的操作方法。

操作步骤 >> Step by Step

第1步　在【插入】面板中，**1.** 选择【表单】选项，**2.** 选择【密码】选项，如图 11-13 所示。

图 11-13

第2步　通过以上步骤即可完成插入密码域的操作，如图 11-14 所示。

图 11-14

Dreamweaver CC 中文版网页设计与制作

11.3.2　URL 对象

00 分 12 秒

　　URL 表单元素是专门为输入 Url 地址而定义的文本框，在输入文本时，如果该文本框中的内容不符合 Url 地址的格式，则会提示验证错误。下面详细介绍插入 URL 对象的操作方法。

操作步骤　>>　Step by Step

第 1 步　启动 Dreamweaver CC 程序，在【插入】面板中，*1.* 选择【表单】选项，*2.* 选择 Url 选项，如图 11-15 所示。

第 2 步　通过以上步骤即可完成插入 URL 对象的操作，如图 11-16 所示。

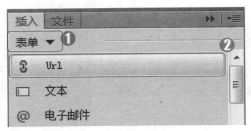

图 11-15

图 11-16

11.3.3　Tel 对象

00 分 13 秒

　　Tel 类型的表单元素是专门为输入电话号码而定义的文本框，没有特殊的验证规则。下面详细介绍插入 Tel 对象的操作方法。

操作步骤　>>　Step by Step

第 1 步　启动 Dreamweaver CC 程序，在【插入】面板中，*1.* 选择【表单】选项，*2.* 选择 Tel 选项，如图 11-17 所示。

第 2 步　通过以上步骤即可完成插入 Tel 对象的操作，如图 11-18 所示。

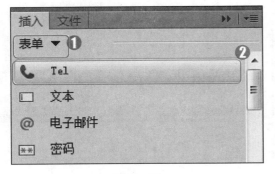

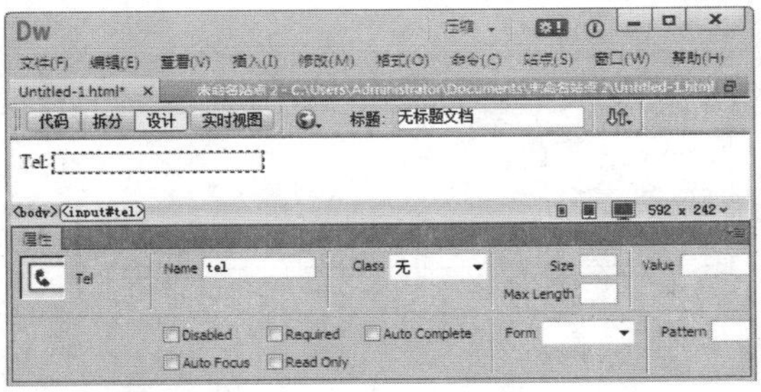

图 11-17

图 11-18

11.3.4　搜索对象

00 分 13 秒

搜索表单元素是专门为输入搜索引擎关键词而定义的文本框，没有特殊的验证规则。下面详细介绍插入搜索对象的操作方法。

操作步骤　>>　**Step by Step**

第1步　启动 Dreamweaver CC 程序，在【插入】面板中，**1.** 选择【表单】选项，**2.** 选择【搜索】选项，如图 11-19 所示。

第2步　通过以上步骤即可完成插入搜索对象的操作，如图 11-20 所示。

图 11-19

图 11-20

11.3.5　数字对象

00 分 13 秒

数字表单元素是专门为输入特定的数字而定义的文本框，具有 min、max 和 step 特性，表示允许范围的最小值、最大值和调整步长。下面详细介绍插入数字对象的操作方法。

操作步骤　>>　**Step by Step**

第1步　启动 Dreamweaver CC 程序，在【插入】面板中，**1.** 选择【表单】选项，**2.** 选择【数字】选项，如图 11-21 所示。

第2步　通过以上步骤即可完成插入数字对象的操作，如图 11-22 所示。

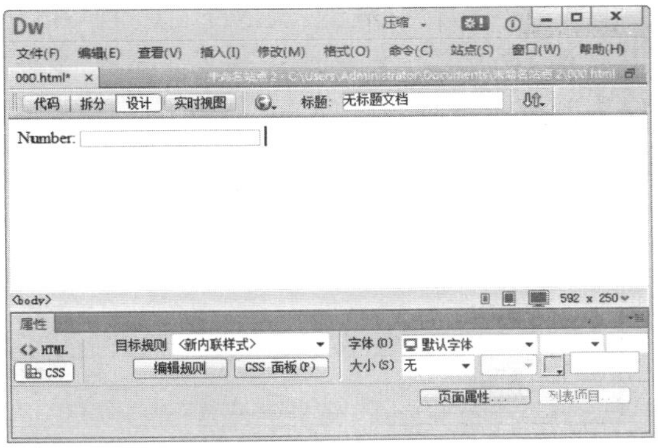

图 11-21

图 11-22

Dreamweaver CC 中文版网页设计与制作

11.3.6　范围对象

00 分 11 秒

范围表单元素是将输入框显示为滑动条，其作用是作为某一特定范围内的数值选择器。它和数字表单元素一样具有 min 和 max 特性，表示选择范围的最小值(默认值为 0)和最大值(默认值为 100)；也具有 step 特性，表示拖动步长(默认值为 1)。下面详细介绍插入范围对象的操作方法。

操作步骤　>>　Step by Step

第 1 步　启动 Dreamweaver CC 程序，在【插入】面板中，**1.** 选择【表单】选项，**2.** 选择【范围】选项，如图 11-23 所示。

图 11-23

第 2 步　通过以上步骤即可完成插入范围对象的操作，如图 11-24 所示。

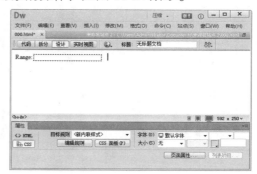

图 11-24

11.3.7　颜色对象

00 分 11 秒

颜色表单元素应用于网页中时会默认提供一个颜色选择器，但在大部分浏览器中还不能实现效果，在 Chorme 浏览器中可以看到颜色元素的效果。下面详细介绍插入颜色对象的操作。

操作步骤　>>　Step by Step

第 1 步　启动 Dreamweaver CC 程序，在【插入】面板中，**1.** 选择【表单】选项，**2.** 选择【颜色】选项，如图 11-25 所示。

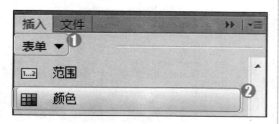

图 11-25

第 2 步　通过以上步骤即可完成插入颜色对象的操作，如图 11-26 所示。

图 11-26

11.3.8　电子邮件对象

微课堂
00 分 12 秒

新增的电子邮件表单元素是专门为输入 E-mail 地址而定义的文本框，主要是为了验证输入的文本是否符合 E-mail 地址的格式，并会提示验证错误。下面详细介绍插入电子邮件对象的操作方法。

操作步骤 >> Step by Step

第 1 步　启动 Dreamweaver CC 程序，在【插入】面板中，**1.** 选择【表单】选项，**2.** 选择【电子邮件】选项，如图 11-27 所示。

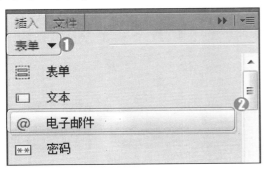

图 11-27

第 2 步　通过以上步骤即可完成插入电子邮件对象的操作，如图 11-28 所示。

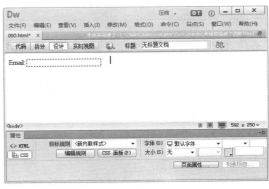

图 11-28

　知识拓展

选中插入的电子邮件表单元素，在【属性】面板中可以对电子邮件表单的属性进行相应的设置。该【属性】面板中的相关属性与前面介绍的其他表单元素的属性基本相同。

Section 11.4　日期与时间元素

导读　表单中的日期与时间元素包括月对象、周对象、日期对象、时间对象、日期时间对象和当地日期时间对象等。本节将详细介绍在表单中插入日期与时间元素的操作方法。

11.4.1　月对象

微课堂
00 分 12 秒

在 Dreamweaver CC 中插入月表单元素，网页会提供一个月选择器。下面详细介绍插

Dreamweaver CC 中文版网页设计与制作

入月对象的操作方法。

操作步骤 >> **Step by Step**

第1步　在【插入】面板中，**1.** 选择【表单】选项，**2.** 选择【月】选项，如图 11-29 所示。

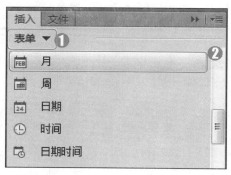

图 11-29

第2步　通过以上步骤即可完成插入月对象的操作，如图 11-30 所示。

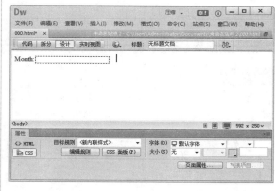

图 11-30

11.4.2　周对象

在 Dreamweaver CC 中插入周表单元素，网页会提供一个周选择器。下面详细介绍插入周对象的操作方法。

操作步骤 >> **Step by Step**

第1步　在【插入】面板中，**1.** 选择【表单】选项，**2.** 选择【周】选项，如图 11-31 所示。

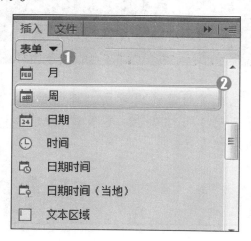

图 11-31

第2步　通过以上步骤即可完成插入周对象的操作，如图 11-32 所示。

图 11-32

11.4.3　日期对象

在 Dreamweaver CC 中插入日期表单元素，网页会提供一个日期选择器。下面详细介绍插入日期对象的操作方法。

操作步骤　>>　**Step by Step**

第1步　在【插入】面板中，**1.** 选择【表单】选项，**2.** 选择【日期】选项，如图 11-33 所示。

第2步　通过以上步骤即可完成插入日期对象的操作，如图 11-34 所示。

图 11-33

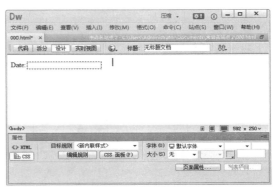

图 11-34

11.4.4　时间对象

在 Dreamweaver CC 中插入时间表单元素，网页会提供一个时间选择器。下面详细介绍插入时间对象的操作方法。

操作步骤　>>　**Step by Step**

第1步　在【插入】面板中，**1.** 选择【表单】选项，**2.** 选择【时间】选项，如图 11-35 所示。

第2步　通过以上步骤即可完成插入时间对象的操作，如图 11-36 所示。

图 11-35

图 11-36

Dreamweaver CC 中文版网页设计与制作

11.4.5　日期时间对象

在 Dreamweaver CC 中插入日期时间表单元素，网页会提供一个时间选择器。下面详细介绍插入日期时间对象的操作方法。

操作步骤 >> **Step by Step**

第 1 步　在【插入】面板中，**1.** 选择【表单】选项，**2.** 选择【日期时间】选项，如图 11-37 所示。

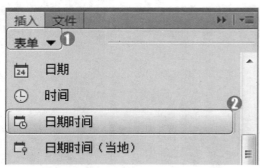

图 11-37

第 2 步　通过以上步骤即可完成插入日期时间对象的操作，如图 11-38 所示。

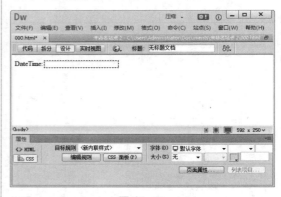

图 11-38

11.4.6　当地日期时间对象

在 Dreamweaver CC 中插入当地日期时间表单元素，网页会提供一个时间选择器。下面详细介绍插入当地日期时间对象的操作方法。

操作步骤 >> **Step by Step**

第 1 步　在【插入】面板中，**1.** 选择【表单】选项，**2.** 选择【日期时间(当地)】选项，如图 11-39 所示。

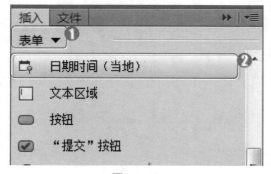

图 11-39

第 2 步　通过以上步骤即可完成插入本地日期时间对象的操作，如图 11-40 所示。

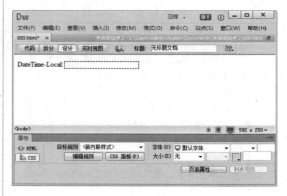

图 11-40

知识拓展

HTML5 中提供的时间和日期表单元素都会在网页中提供一个对应的时间选择器，在网页中既可以在文本框中输入精确的时间和日期，也可以在选择器中选择时间和日期。插入本地日期时间表单元素后，Dreamweaver 会提供完整的不含时区的日期和时间选择器。

Section

11.5　选择元素

导读　表单中的选择元素包括选择对象、单选按钮、单选按钮组、复选框和复选框组等。本节将详细介绍在表单中插入选择元素的操作方法。

11.5.1　选择对象

选择对象的最大好处是可以在有限的空间内为用户提供更多的选项，非常节省版面。在表单中插入选择对象的方法非常简单，具体操作步骤如下。

操作步骤　>>　Step by Step

第 1 步　在【插入】面板中，*1.* 选择【表单】选项，*2.* 选择【选择】选项，如图 11-41 所示。

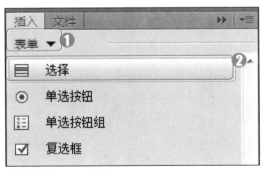

图 11-41

第 2 步　通过以上步骤即可完成插入选择对象的操作，如图 11-42 所示。

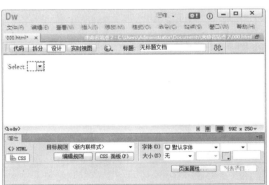

图 11-42

选中在页面中插入的选择表单元素，在【属性】面板中可以对其属性进行相应的设置，如图 11-43 所示。

➢　**Name** 文本框：在该文本框中可以为列表或菜单指定一个名称，并且该名称必须是唯一的。

Dreamweaver CC 中文版网页设计与制作

➤ Size 文本框：该属性用于规定下拉列表框中可见选项的数目。如果 Size 属性的值大于 1，但是小于列表中选项的总数目，浏览器会显示滚动条，表示可以查看更多选项。

➤ 【列表值】按钮：单击该按钮，会弹出【列表值】对话框，在该对话框中用户可以进行列表或菜单中项目的操作。

➤ Selected 列表框：当设置了多个列表值时，可以在该列表框中选择某些列表作为列表或菜单初始状态下所选中的选项。

图 11-43

11.5.2 单选按钮

单选按钮指的是多个项目中只选择一项的按钮。在表单中插入单选按钮对象的方法非常简单，具体操作步骤如下。

操作步骤 >> **Step by Step**

第1步 在【插入】面板中，**1.** 选择【表单】选项，**2.** 选择【单选按钮】选项，如图 11-44 所示。

图 11-44

第2步 通过以上步骤即可完成插入单选按钮的操作，如图 11-45 所示。

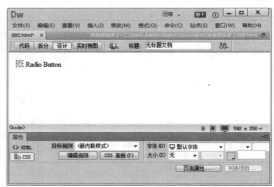

图 11-45

选中在页面中插入的单选按钮表单元素，在【属性】面板中可以对其属性进行相应的设置，如图 11-46 所示。

➤ Name 文本框：在该文本框中可以为单选按钮指定一个名称。

➤ Value 文本框：该文本框用来设置在单选按钮被选中时发送服务器的值。为了便于理解，一般将该值设置为与栏目内容的意思相近。

➤ Checked 复选框：该属性用于设置单选按钮默认为选中状态还是未选中状态。如
果选中该复选框，则表示单选按钮默认为选中状态。

图 11-46

11.5.3　单选按钮组

单选按钮可以作为一个组使用，用于提供彼此排斥的选项值，用户在单选按钮组内只
能选择一个选项。下面详细介绍插入单选按钮组的操作方法。

操作步骤　>>　**Step by Step**

第 1 步　在【插入】面板中，**1.** 选择【表单】选项，**2.** 选择【单选按钮组】选项，如图 11-47 所示。

第 2 步　弹出【单选按钮组】对话框，**1.** 在【单选按钮】列表框中设置单选按钮的个数，**2.** 单击【确定】按钮，如图 11-48 所示。

图 11-47

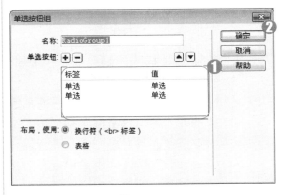

图 11-48

第 3 步　通过以上步骤即可完成插入单选按钮组的操作，如图 11-49 所示。

图 11-49

■ 指点迷津

单选按钮组中的所有单选按钮必须具有
相同的名称，并且名称中不能包含空格或特
殊字符。

Dreamweaver CC 中文版网页设计与制作

11.5.4　复选框

00 分 12 秒

复选框用于对每个单独的响应进行关闭和打开状态的切换。在表单中插入复选框的方法非常简单，下面详细介绍具体操作步骤。

操作步骤 >> **Step by Step**

第 1 步　在【插入】面板中，**1.** 选择【表单】选项，**2.** 选择【复选框】选项，如图 11-50 所示。

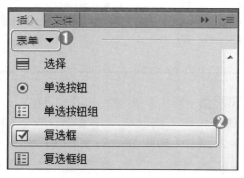

图 11-50

第 2 步　通过以上步骤即可完成插入复选框的操作，如图 11-51 所示。

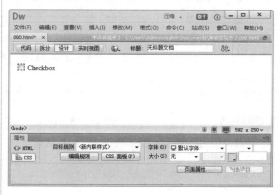

图 11-51

选中在页面中插入的复选框，在【属性】面板中可以对其属性进行相应的设置，如图 11-52 所示。

➢ Name 文本框：用来为复选框指定一个名称。在一个实际的栏目中可能会有多个复选框，每个复选框必须有一个唯一的名称，所选名称必须在该表单内唯一表示该复选框，并且名称中不能包含空格或特殊字符。

➢ Checked 复选框：用来设置在浏览器中载入表单时复选框是处于选中状态还是未选中状态。如果选中该复选框，则复选框默认为选中状态。

➢ Value 文本框：设置在该复选框被选中时发送给服务器的值。为了便于理解，一般将该值设置为与栏目内容的意思相近。

图 11-52

11.5.5　复选框组

00 分 22 秒

在表单中插入复选框组的方法非常简单，下面详细介绍具体操作步骤。

操作步骤 >> **Step by Step**

第1步 在【插入】面板中，**1.** 选择【表单】选项，**2.** 选择【复选框组】选项，如图 11-53 所示。

第2步 弹出【复选框组】对话框，**1.** 在【复选框】列表框中设置复选框的个数，**2.** 单击【确定】按钮，如图 11-54 所示。

图 11—53

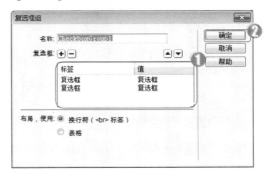

图 11—54

第3步 通过以上步骤即可完成插入复选框组的操作，如图 11-55 所示。

图 11—55

■ 指点迷津

除使用【插入】面板插入复选框组外，还可以使用【插入】菜单来插入复选框组，执行【插入】→【表单】→【复选框组】命令即可。

Section
11.6 专题课堂——按钮元素

导读

表单中的按钮元素在 Dreamweaver CC 中被细分为普通按钮、【提交】按钮、【重置】按钮和图像按钮，它们在表单中起到非常重要的作用。本节将详细介绍在表单中插入按钮元素的操作方法。

11.6.1 普通按钮

微课堂
00 分 11 秒

按钮的作用是在用户单击后执行一定的任务。在表单中插入普通按钮的方法非常简单，下面详细介绍具体操作步骤。

Dreamweaver CC 中文版网页设计与制作

操作步骤 >> **Step by Step**

第1步 在【插入】面板中，*1.* 选择【表单】选项，*2.* 选择【按钮】选项，如图 11-56 所示。

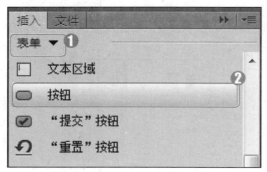

图 11-56

第2步 通过以上步骤即可完成插入普通按钮的操作，如图 11-57 所示。

图 11-57

选中在页面中插入的普通按钮，在【属性】面板中可以对其属性进行相应的设置，如图 11-58 所示。

图 11-58

➢ Name 文本框复选框：用于设置当前按钮的名称。
➢ Disabled 复选框：选中该复选框可以禁用当前按钮，被禁用的按钮将呈灰色显示。
➢ Class 下拉列表框：用于指定当前按钮要应用的类样式。
➢ Form 下拉列表框：用于设置当前按钮所在的表单。
➢ Value 文本框：用于输入按钮上显示的文本内容。

11.6.2 【提交】按钮

00分13秒

【提交】按钮的功能是在用户单击该按钮时将表单数据内容提交至表单域的 Action 属性中指定的页面或脚本。下面详细介绍在表单中插入【提交】按钮的操作方法。

操作步骤 >> **Step by Step**

第1步 在【插入】面板中，*1.* 选择【表单】选项，*2.* 选择【"提交"按钮】选项，如图 11-59 所示。

第2步 通过以上步骤即可完成插入【提交】按钮的操作，如图 11-60 所示。

图 11-59

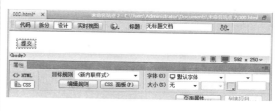
图 11-60

选中在页面中插入的【提交】按钮,在【属性】面板中可以对其属性进行相应的设置,如图 11-61 所示。【提交】按钮的【属性】面板与普通按钮的【属性】面板有重叠的内容,这里只介绍不重叠的内容。

图 11-61

➢ Form Action 文本框:用于设置当提交表单时,向何处发送表单数据。

➢ Form Method 下拉列表框:用于设置如何发送表单数据,包括【默认】、GET 和 POST 3 个选项。

➢ Form No Validate 复选框:选中该复选框可以禁用表单验证。

11.6.3 【重置】按钮

【重置】按钮的功能是在用户单击该按钮时清除表单中所作的设置,恢复为默认的设置内容。在表单中插入【重置】按钮的方法非常简单,下面详细介绍具体操作步骤。

操作步骤 >> Step by Step

第 1 步 在【插入】面板中,**1.** 选择【表单】选项,**2.** 选择【"重置"按钮】选项,如图 11-62 所示。

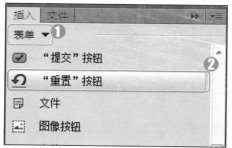
图 11-62

第 2 步 通过以上步骤即可完成插入【重置】按钮的操作,如图 11-63 所示。

图 11-63

Dreamweaver CC中文版网页设计与制作

在表单中插入【重置】按钮后，预览网页时，单击【重置】按钮，可以清除表单中填写的数据。

选中在页面中插入的【提交】按钮，其【属性】面板中的设置选项与普通按钮完全一致，如图 11-64 所示。

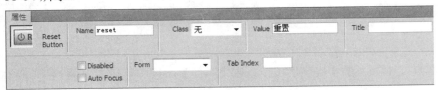

图 11-64

11.6.4　图像按钮

如果用户需要在网页中使用图像作为表单的提交按钮，可以使用图像按钮。在表单中插入图像按钮的方法非常简单，下面详细介绍具体操作步骤。

操作步骤 >> Step by Step

第1步　在【插入】面板中，**1.** 选择【表单】选项，**2.** 选择【图像按钮】选项，如图 11-65 所示。

第2步　弹出【选择图像源文件】对话框，**1.** 选择准备添加的图像，**2.** 单击【确定】按钮，如图 11-66 所示。

图 11-65

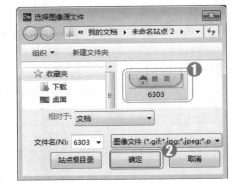

图 11-66

第3步　通过以上步骤即可完成插入图像按钮的操作，如图 11-67 所示。

图 11-67

选中在页面中插入的图像按钮，在【属性】面板中可以对其属性进行相应的设置，如

图 11-68 所示。

➢ Name 文本框：该文本框用于为图像按钮设置一个名称，默认为 imageField。

➢ Src 文本框：用来显示该图像按钮所使用的图像地址。

➢ Form Method 下拉列表框：method 属性规定如何发送表单数据。表单数据可以作为 URL 变量或者以 HTTP post 的方式来发送。

➢ 【编辑图像】按钮：单击该按钮，将启动外部图像编辑软件对该图像域所使用的图像进行编辑。

图 11—68

Section 11.7　实践经验与技巧

导读　　本节将侧重介绍和讲解与本章知识点有关的实践经验与技巧，主要包括插入文件对象、插入隐藏对象和插入文本区域的知识与操作技巧。

11.7.1　插入文件对象

微课堂 00分10秒

文件对象可以让用户在域内部填写自己硬盘上的文件路径，然后通过表单上传，这是文件对象的基本功能。文件对象由一个文本框和一个【浏览】按钮组成。用户可以在文件域的文本框中输入一个文件的路径，也可以单击【浏览】按钮来选择一个文件。当访问者提交表单时，这个文件将被上传。下面介绍插入文件对象的操作方法。

操作步骤　>>　Step by Step

第1步　在【插入】面板中，**1.** 选择【表单】选项，**2.** 选择【文件】选项，如图 11-69 所示。

第2步　通过以上步骤即可完成插入文件对象的操作，如图 11-70 所示。

图 11—69

图 11—70

Dreamweaver CC 中文版网页设计与制作

11.7.2 插入隐藏对象

隐藏对象在浏览页面时是看不见的，它用于存储一些信息，以便被处理表单的程序使用。在表单中插入隐藏对象的方法非常简单，下面详细介绍操作步骤。

操作步骤 >> Step by Step

第1步 在【插入】面板中，**1.** 选择【表单】选项，**2.** 选择【隐藏】选项，如图 11-71 所示。

第2步 通过以上步骤即可完成插入隐藏对象的操作，如图 11-72 所示。

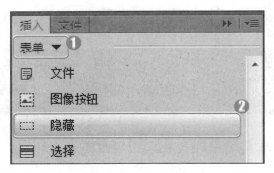

图 11-71

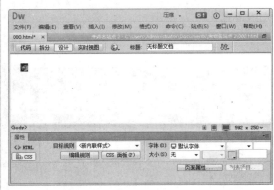

图 11-72

一点即通

隐藏对象是不能被浏览器显示的，但在 Dreamweaver 的设计视图中为了方便编辑，会在插入隐藏对象的位置显示一个黄色的隐藏图标。如果用户看不到该图标，可以执行【查看】→【可视化助理】→【不可见元素】命令使其显示。

选中在页面中插入的隐藏对象，在【属性】面板中可以对其属性进行相应的设置，如图 11-73 所示。

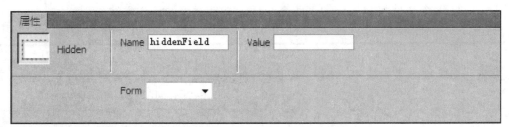

图 11-73

➢ Name 文本框：用于设置隐藏对象的名称，默认为 hiddenField。

➢ Value 文本框：用于设置隐藏对象指定的值，该值将在提交表单时传递给服务器。

➢ Form 下拉列表框：规定输入字段所属的一个或多个子表单。

11.7.3　插入文本区域

文本区域与文本域不同，文本区域指的是可输入多行的表单元素。网页中最常见的文本区域是加入会员时显示的服务条款。下面介绍插入文本区域的操作方法。

操作步骤　>>　Step by Step

第1步　在【插入】面板中，**1.** 选择【表单】选项，**2.** 选择【文本区域】选项，如图 11-74 所示。

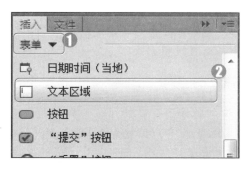

图 11-74

第2步　通过以上步骤即可完成插入文本区域的操作，如图 11-75 所示。

图 11-75

选中在页面中插入的文本区域，在【属性】面板中可以对其属性进行相应的设置，如图 11-76 所示。

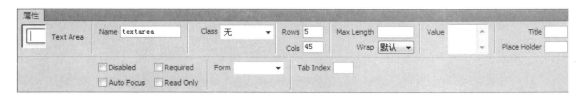

图 11-76

- ➢ Name 文本框：用于输入文本区域的名称。
- ➢ Rows 文本框：用于指定文本区域中横向和纵向上可输入的字符个数。
- ➢ Cols 文本框：用于指定文本区域的行数。当文本的行数大于指定的值时，会显示滚动条。
- ➢ Disabled 复选框：选中该复选框则禁止在文本区域中输入内容。
- ➢ Read Only 复选框：选中该复选框则使文本区域成为只读文本区域。
- ➢ Class 下拉列表框：用于设置应用在文本区域上的类样式。
- ➢ Value 文本框：用于输入画面中作为默认值来显示的文本。
- ➢ Wrap 下拉列表框：用于设置文本区域中内容的换行模式，包括【默认】、Soft 和 Hard 3 个选项。

Dreamweaver CC 中文版网页设计与制作

Section 11.8 有问必答

1. 如何将表单内容发送到远端服务器上?

要将表单内容发送到远端服务器上,可以在页面中插入【提交】按钮。

2. 如何清除现有的表单内容?

要清除现有的表单内容,可以在页面中插入【重置】按钮。

3. 如何美化创建完成的表单内容?

对于网页制作者来说,表单的建立比较容易,不过表单的美化却不是件简单的事情,很多情况下需要使用 CSS 来修饰表单内容,使其能与网页风格融合。

4. 如何使用文件域将文件从浏览器传输到服务器?

文件域要求使用 POST 方法将文件从浏览器传输到服务器,在使用文件域之前,需要与服务器管理员联系,确认允许使用匿名文件上传。选中表单,在【属性】面板的【方法】下拉列表框中选中 POST 选项,在 MIME 下拉列表框中选择 multipart/form-data 选项即可完成操作。

5. 如何在页面中插入标签?

在【插入】面板中选择【表单】选项,选择【标签】选项即可在表单域中插入<label>标签。

第12章

使用行为创建动态效果

❖ 认识网页行为

❖ 使用行为调节浏览器

❖ 使用行为控制图像

❖ 使用行为显示文本

❖ 使用行为加载多媒体

❖ 专题课堂——控制表单

本章要点

本章主要内容

本章主要介绍认识网页行为、使用行为调节浏览器、使用行为控制图像、使用行为显示文本、使用行为加载多媒体和控制表单方面的知识与技巧，在本章的最后还针对实际的工作需求，讲解了拖动 AP 元素行为、恢复交换图像行为和设置框架文本的方法。通过本章的学习，读者可以掌握使用行为创建动态效果的知识，为深入学习 Dreamweaver CC 知识奠定基础。

Dreamweaver CC 中文版网页设计与制作

12.1 认识网页行为

　　行为是由事件和该事件触发的动作组成的，是一系列使用 JavaScript 程序预定义的页面特效工具。本节将介绍网页行为方面的知识。

12.1.1　事件与动作

微课堂　00 分 23 秒

　　事件实际上是浏览器生成的消息，用于指示该页面在浏览时执行某种操作。例如，当用户将鼠标指针移动到某个链接上时，浏览器为该链接生成一个 onMouseOver 事件(鼠标经过)，然后浏览器查看是否存在链接该事件时浏览器应该调用的 JavaScript 代码。

　　每个页面元素所能发生的事件不尽相同，例如，页面文档本身能发生 onLoad(页面被打开时的事件)和 onUnload(页面被关闭时的事件)。

　　动作只有在某个事件发生时才会执行。例如，可以设置当鼠标指针移动到某超链接上时执行一个动作使浏览器的状态栏中出现一行文字。

　　行为可以附加到整个文档中，还可以附加到链接、表单、图像和其他元素中，用户也可以为每个事件指定多个动作，动作会按照【行为】面板中的显示顺序发生。

12.1.2　使用【行为】面板

微课堂　00 分 11 秒

　　在网页中应用行为之前，用户需要了解【行为】面板。该面板的作用是显示当前用户选择的网页对象的事件和行为属性。下面详细介绍打开【行为】面板的操作方法。

操作步骤　>>　**Step by Step**

第 1 步　启动 Dreamweaver CC 程序，**1.** 单击【窗口】主菜单，**2.** 在弹出的菜单中选择【行为】菜单项，如图 12-1 所示。

第 2 步　通过以上步骤即可完成打开【行为】面板的操作，如图 12-2 所示。

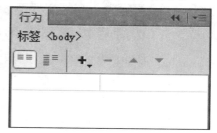

图 12-1

图 12-2

在【行为】面板中，除了显示当前所选择的网页标签类型以外，还提供了 6 个按钮，允许用户选择行为，进行编辑操作。

➢ 【显示设置事件】按钮▣：显示添加到当前文档的事件。

➢ 【显示所有事件】按钮▦：显示所有添加的行为事件。

➢ 【添加行为】按钮＋,：单击该按钮，弹出行为菜单，从中选择要添加的行为。

➢ 【删除事件】按钮－：从当前行为列表中删除选中的行为。

➢ 【增加事件值】按钮▲：单击该按钮，动作项向前移动，改变执行的顺序。

➢ 【降低事件值】按钮▼：单击该按钮，动作项向后移动，改变执行的顺序。

12.1.3 常见的动作类型

动作是最终产生的动态效果，动态效果可以是播放声音、交换图像、弹出提示信息、自动关闭网页等。表 12-1 是 Dreamweaver 中默认提供的动作种类。

表 12−1 常见的动作类型

动作种类	说 明
调用 JavaScript	调用 JavaScript 特定函数
改变属性	改变选定客体的属性
检查浏览器	根据访问者的浏览器版本，显示适当的页面
检查插件	确认是否设有运行网页的插件
控制 Shockwave 或 Flash	控制影片的指定帧
拖动层	允许在浏览器中自由拖动层
转到 URL	可以转到特定的站点或者网页文档上
隐藏弹出式菜单	隐藏在 Dreamweaver 上制作的弹出窗口
设置导航栏图像	制作由图片组成的菜单导航条
设置框架文本	在选定帧上显示指定内容
设置层文本	在选定层上显示指定内容
跳转菜单	可以建立若干个链接的跳转菜单
跳转菜单开始	在跳转菜单中选定要移动的站点之后，只有单击 GO 按钮才可以移动到链接的站点上
打开浏览器窗口	在新窗口中打开 URL
播放声音	在设置的事件发生之后，播放链接的音乐
弹出消息	在设置的事件发生之后，显示警告信息
预先载入图像	为了在浏览器中快速显示图片，事先下载图片之后显示出来
设置状态栏文本	在状态栏中显示指定内容
设置文本域文字	在文本字段区域显示指定内容

Dreamweaver CC 中文版网页设计与制作

续表

动作种类	说　明
显示弹出式菜单	显示弹出菜单
显示-隐藏层	显示或隐藏特定层
交换图像	发生设置的事件后，用其他图片来取代选定图片
恢复交换图像	在使用交换图像动作之后，显示原来的图片
时间轴	用来控制时间轴，可以播放、停止动画
检查表单	检查表单文档是否有效

12.1.4 编辑网页行为

在 Dreamweaver 中打开【行为】面板后，单击该面板中的【添加行为】按钮 **+.** 即可在弹出的菜单中选择相关的网页行为。设置好各种属性后，可将其添加至网页中，如图 12-3 所示。

在【行为】面板的列表框中，显示当前标签已经添加的所有行为，以及触发这些行为的事件类型，如图 12-4 所示。在选中行为后，用户可以单击触发器的名称更换触发器，也可以双击行为的名称，编辑行为的内容。

图 12-3

图 12-4

对于网页中已经存在的各种行为，可以通过【删除事件】按钮将其删除。如果网页内

第 12 章　使用行为创建动态效果

同时存在多个行为，还可以使用【增加事件值】按钮或【降低事件值】按钮改变其中某个行为的顺序，从而决定页面中这些行为的执行次序。

知识拓展

　　在【添加行为】菜单中不能单击灰色显示的行为，这些行为呈灰色显示的原因可能是当前页面中不存在该行为所需要的对象。在添加行为的任何时候都要遵循 3 个步骤：选择对象、添加行为和设置事件。

Section 12.2　使用行为调节浏览器

　　在网页中最常用的 JavaScript 源代码是调节浏览器窗口的源代码，它可以按照设计者的要求打开新窗口或更换新窗口的形状，同时根据用户所使用的浏览器，将浏览器中的显示内容设置为不同形式。本节将介绍使用行为调节浏览器的知识。

12.2.1　打开浏览器窗口

微课堂　00 分 32 秒

　　设置"打开浏览器窗口"行为的方法非常简单。下面详细介绍操作步骤。

操作步骤　>>　Step by Step

第 1 步　打开 "12-2-1 素材文件.html" 和 popy.html 文件，*1.* 切换至 12-2-1.html 页面中，*2.* 在标签选择器中选中<body>标签作为对象，如图 12-5 所示。

第 2 步　在【行为】面板中，*1.* 单击【添加行为】按钮，*2.* 在弹出的菜单中选择【打开浏览器窗口】菜单项，如图 12-6 所示。

图 12-5

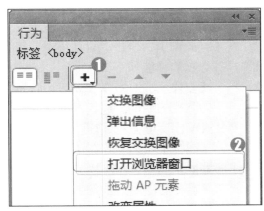

图 12-6

Dreamweaver CC 中文版网页设计与制作

第3步 弹出【打开浏览器窗口】对话框，
1. 在【要显示的 URL】文本框中输入 URL
的名称，*2.* 在【窗口宽度】和【窗口高度】
文本框中输入数值，*3.* 在【窗口名称】文本
框中输入名称，*4.* 单击【确定】按钮，如
图 12-7 所示。

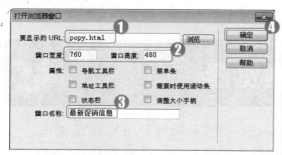

图 12-7

第5步 按 F12 键在浏览器中预览效果，
通过以上步骤即可完成添加打开浏览器窗口
的操作，如图 12-9 所示。

图 12-9

第4步 在【行为】面板中，将触发该行
为的事件修改为 onLoad，即在页面载入时打
开新窗口，如图 12-8 所示。

图 12-8

■ **指点迷津**

使用"打开浏览器窗口"行为可以在打开
一个页面的同时在一个新窗口中打开指定的
URL，用户可以指定新窗口的属性(包括其大
小)、特性(它是否可以调整大小、是否具有
菜单条等)和名称。

在【打开浏览器窗口】对话框中，用户可以对所要打开的浏览器窗口的相关属性进行
设置，各选项的功能如下。

➤ 【要显示的 URL】文本框：设置在新打开的浏览器窗口中显示的页面，可以是相
对路径的地址，也可以是绝对路径的地址。

➤ 【窗口宽度】和【窗口高度】文本框：用来设置弹出的浏览器窗口的大小。

➤ 【属性】选项组：在该选项组中可以选择是否在弹出的窗口中显示导航工具栏、
地址工具栏、状态栏和菜单条等。

➤ 【需要时使用滚动条】复选框：选中该复选框，可以指定在内容超出可视区域时
显示滚动条。

➤ 【调整大小手柄】复选框：选中该复选框，可以指定用户能够调整窗口的大小。

➤ 【窗口名称】文本框：该文本框用来设置新浏览器窗口的名称。

第 12 章　使用行为创建动态效果

12.2.2　调用 JavaScript

00 分 37 秒

当某个鼠标事件发生的时候，可以指定调用某个 JavaScript 函数。下面详细介绍调用 JavaScript 的操作方法。

操作步骤 >> Step by Step

第 1 步　打开"12-2-2 素材文件.html"，选择页面中的图片，**1.** 单击【行为】面板中的【添加行为】按钮，**2.** 在弹出的菜单中选择【调用 JavaScript】菜单项，如图 12-10 所示。

图 12-10

第 3 步　按 F12 键在浏览器中预览效果，单击网页中的图片，弹出提示框，单击【是】按钮将关闭网页，如图 12-12 所示。

图 12-12

第 2 步　弹出【调用 JavaScript】对话框，**1.** 在 JavaScript 文本框中输入要执行的 JavaScript 或者要调用的函数名称，**2.** 单击【确定】按钮，如图 12-11 所示。

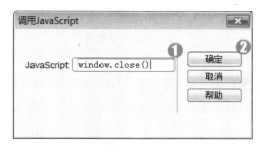

图 12-11

■ 指点迷津

在【调用 JavaScript】对话框的 JavaScript 文本框中输入要执行的 JavaScript 或者要调用的函数名称，单击【确定】按钮，则在【行为】面板中出现了添加的行为，这时可以根据制作者的需要更改激活该行为的事件。

12.2.3　转到 URL

00 分 21 秒

"转到 URL"行为可以丰富打开链接的事件及效果。通常，网页上的链接只有单击才能被打开，使用转到 URL 行为后，可以使用不同的事件打开链接，同时该行为还可以实现一些特殊的打开链接方式，例如在页面中一次性打开多个链接，当鼠标经过对象上方时打开链接等。下面详细介绍使用转到 URL 行为的操作方法。

Dreamweaver CC 中文版网页设计与制作

操作步骤 >> **Step by Step**

第1步 打开"12-2-3 素材文件.html"文件，选中图片，**1.** 单击【行为】面板中的【添加行为】按钮，**2.** 在弹出的菜单中选择【转到 URL】菜单项，如图 12-13 所示。

图 12-13

第3步 在【行为】面板中，将触发该行为的事件修改为 onMouseOver，即当鼠标经过时进入下一网页，如图 12-15 所示。

图 12-15

第2步 弹出【转到 URL】对话框，**1.** 在URL 文本框中输入网址，**2.** 单击【确定】按钮，如图 12-14 所示。

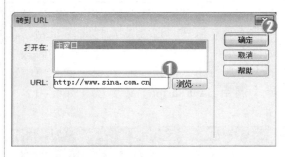

图 12-14

第4步 按 F12 键在浏览器中预览效果，将鼠标指针移至网页中的图片即可跳转到指定的网页，如图 12-16 所示。

图 12-16

知识拓展

在【打开在】列表框中打开链接的窗口。在 URL 文本框中输入链接的地址，也可以单击【浏览】按钮定位到需要跳转的本地文件。

Section
12.3 使用行为控制图像

在 Dreamweaver 中，用户可以通过使用行为以各种各样的方式在网页中应用图像元素，从而制作出富有动感的网页效果。本节将介绍使用行为控制图像的知识。

第 12 章 使用行为创建动态效果

12.3.1 交换图像

交换图像就是当鼠标指针经过图像时，原图像会变成另一幅图像。一个交换图像其实是由两幅图像组成的：原始图像(当页面显示时候的图像)和交换图像(当鼠标指针经过原始图像时显示的图像)。组成交换图像的两幅图像必须具有相同的尺寸，如果两幅图像的尺寸不同，Dreamweaver 会自动将第二幅图像的尺寸调成与第一幅同样的大小。下面详细介绍设置交换图像的操作方法。

操作步骤 >> Step by Step

第1步 打开"12-3-1 素材文件.html"文件，选中图片，**1.** 在【行为】面板中单击【添加行为】按钮，**2.** 在弹出的菜单中选择【交换图像】菜单项，如图 12-17 所示。

图 12-17

第2步 弹出【交换图像】对话框，**1.** 在【设定原始档为】文本框中输入图片名称，**2.** 单击【确定】按钮，如图 12-18 所示。

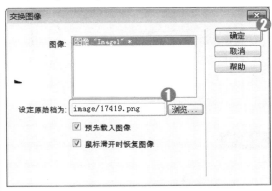
图 12-18

第3步 保存页面，在浏览器中预览页面，将鼠标指针移至添加了交换图像行为的图像上时可以看到交换图像的效果，如图 12-19 所示。

图 12-19

■ **指点迷津**

在【交换图像】对话框中系统会自动检测网页中的图像，选择相应的图像，为其设置交换图像即可。该对话框中其他选项的作用与【插入鼠标经过图像】对话框中的相同。当在网页中添加"交换图像"行为时会自动添加"恢复交换图像"行为，这两个行为通常是一起出现的。onMouseOver 触发事件表示当鼠标指针移至图像上时，onMouseOut 触发事件表示当鼠标指针移出图像时。

12.3.2　预先载入图像

在浏览网页中的图像时，有些图像在网页被浏览器下载的时候不能被同时下载，要显示这些图片就需要再次发出下载指令，影响用户浏览。使用"预先载入图像"行为可先将这些图片载入到浏览器的缓存中，避免出现延迟。下面详细介绍预先载入图像的操作方法。

操作步骤　>>　**Step by Step**

第1步　在【行为】面板中，**1.** 单击【添加行为】按钮，**2.** 在弹出的菜单中选择【预先载入图像】菜单项，如图12-20所示。

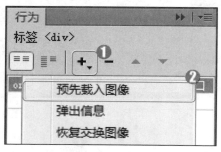

图12-20

第2步　弹出【预先载入图像】对话框，**1.** 在【图像源文件】文本框中输入图片名称，**2.** 单击【确定】按钮，如图12-21所示。

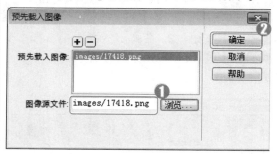

图12-21

第3步　通过以上步骤即可完成添加预先载入图像的操作，如图12-22所示。

图12-22

■ 指点迷津

在创建交换图像行为时，如果用户在【交换图像】对话框中选中了【预先载入图像】复选框，就不需要在【行为】面板中另外应用预先载入图像行为了。如果用户没有在【交换图像】对话框中选中【预先载入图像】复选框，则需要设置"预先载入图像"行为。

Section

12.4　使用行为显示文本

文本作为网页文件中最基本的元素，比图像或其他多媒体元素具有更快的传输速度，因此网页文件中的大部分信息都是用文本来表示的。本节将详细介绍使用行为显示文本的操作方法。

12.4.1　弹出信息

00 分 20 秒

当需要设置从一个网页跳转到另一个网页或特定的链接时，可以使用"弹出信息"行为设置网页弹出消息框。消息框是具有文本消息的小窗口，在登录信息错误或即将关闭网页等情况下，使用消息框能够快速、醒目地实现信息提示。下面详细介绍设置弹出信息的操作方法。

操作步骤 >> Step by Step

第 1 步　在【行为】面板中，**1.** 单击【添加行为】按钮，**2.** 在弹出的菜单中选择【弹出信息】菜单项，如图 12-23 所示。

图 12-23

第 2 步　弹出【弹出信息】对话框，**1.** 在【消息】文本框中输入内容，**2.** 单击【确定】按钮，如图 12-24 所示。

图 12-24

第 3 步　通过以上步骤即可完成设置弹出信息行为的操作，如图 12-25 所示。

图 12-25

■ **指点迷津**

"弹出信息"行为只能显示一个带有指定消息的 JavaScript 警告。因为 JavaScript 警告只有一个【确定】按钮，所以使用该动作只可以提供信息，而不能为访问者提供选择。

12.4.2　设置状态栏文本

00 分 25 秒

使用状态栏文本可以使页面在浏览器左下方的状态栏上显示一些文本信息，像一般的提示链接内容、显示欢迎信息和跑马灯等经典技巧都可以通过这个行为来实现。下面详细介绍设置状态栏文本的操作方法。

Dreamweaver CC 中文版网页设计与制作

操作步骤 >> **Step by Step**

第1步 在【行为】面板中，*1.* 单击【添加行为】按钮，*2.* 在弹出的菜单中选择【设置文本】菜单项，*3.* 在弹出的子菜单中选择【设置状态栏文本】菜单项，如图 12-26 所示。

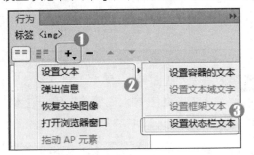

图 12-26

第3步 通过以上步骤即可完成设置状态栏文本行为的操作，如图 12-28 所示。

图 12-28

第2步 弹出【设置状态栏文本】对话框，*1.* 在【消息】文本框中输入内容，*2.* 单击【确定】按钮，如图 12-27 所示。

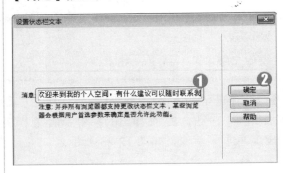

图 12-27

■ 指点迷津

在网页中设置状态栏文本，一般能够实现以下几种功能：显示文档状态；将鼠标指针移动到链接上方时，在状态栏中显示链接地址；利用 JavaScript 在状态栏中显示特定的文本，从而遮盖链接地址或吸引浏览者注意。状态栏文本只能提示页面中简要的信息，而不能明确地指出相关的详细信息。

12.4.3 设置容器的文本

微课堂 00 分 31 秒

容器的文本行为将页面上现有容器(即可以包含文本或其他元素的任何元素)的内容和格式替换为指定的内容，该内容可以包括任何有效的 HTML 源代码。下面详细介绍设置容器的文本的操作方法。

选中页面中的某个对象，然后单击【行为】面板上的【添加行为】按钮，在弹出的菜单中选择【设置文本】菜单项，在弹出的菜单中选择【设置容器的文本】菜单项，如图 12-29 所示，弹出【设置容器的文本】对话框，如图 12-30 所示。

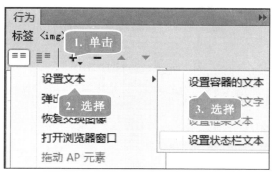

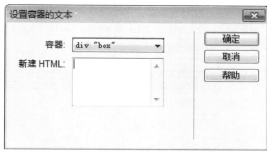

图 12-29   图 12-30

【设置容器的文本】对话框中各选项的功能如下。

➤ 【容器】下拉列表框：该下拉列表框中显示了该页面中可以包含文本或其他元素的任何元素。

➤ 【新建 HTML】列表框：在该列表框中输入容器中需要显示的相关内容。

单击【确定】按钮，完成对【设置容器的文本】对话框的设置。在【行为】面板中确认激活该行为的事件是否正确，如果不正确，则单击【扩展】按钮，在弹出的菜单中选择正确的事件。

12.4.4 设置文本域文字

微课堂
00 分 39 秒

使用"文本域文字"行为可以使用指定的内容替换表单文本域的内容。下面详细介绍设置文本域文字的操作方法。

操作步骤 >> **Step by Step**

第1步 打开"12-4-4 素材文件.html"文件，选中文本域，**1.** 在【行为】面板中单击【添加行为】按钮，**2.** 在弹出的菜单中选择【设置文本】菜单项，**3.** 在弹出的子菜单中选择【设置文本域文字】菜单项，如图 12-31 所示。

第2步 弹出【设置文本域文字】对话框，**1.** 在【新建文本】文本框中输入内容，**2.** 单击【确定】按钮，如图 12-32 所示。

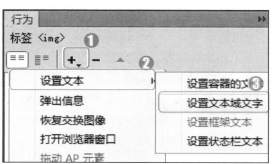

图 12-31

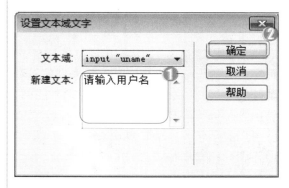

图 12-32

Dreamweaver CC 中文版网页设计与制作

第3步　在【行为】面板中，将触发该行为的事件修改为 onMouseOut，如图 12-33 所示。

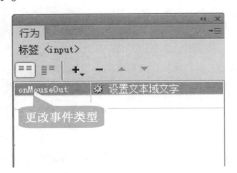

图 12-33

第4步　保存页面，在浏览器中预览页面，当鼠标指针移出表单域时，可以看到设置的文本域文字，如图 12-34 所示。

图 12-34

知识拓展

在【文本域】下拉列表框中显示了该页面中的所有文本域，用户可以在该下拉列表框中选择需要设置文本域文字的文本域，在【新建文本】文本框中输入文本域中的文本内容。

Section

12.5　使用行为加载多媒体

在 Dreamweaver CC 中，用户可以利用行为控制网页中的多媒体，包括确认多媒体插件程序是否安装，显示隐藏元素、改变属性等。本节将介绍使用行为加载多媒体的知识。

12.5.1　检查插件

微课堂
00分32秒

插件程序是为了实现 IE 浏览器自身不能支持的功能而与 IE 浏览器连接在一起使用的程序，通常简称为插件。具有代表性的控件程序是 Flash 播放器。IE 浏览器没有播放 Flash 动画的功能，初次进入含有 Flash 动画的网页时，会出现需要安装 Flash 播放器的提示信息。访问者可以检查自己的计算机是否已经安装了播放 Flash 动画的插件，如果安装了该插件，就可以显示带有 Flash 动画对象的网页；否则，就只显示一幅仅包含图像替代的网页。下面详细介绍使用检查插件行为的操作方法。

操作步骤　>> Step by Step

第1步　打开"12-5-1 素材文件.html"文件，**1.** 选中页面底部的"检查插件"文本，**2.** 在【属性】面板的【链接】文本框中输入 #，为文字设置空链接，如图 12-35 所示。

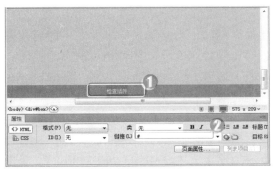

图 12-35

第2步　在【行为】面板中，**1.** 单击【添加行为】按钮，**2.** 在弹出的菜单中选择【检查插件】菜单项，如图 12-36 所示。

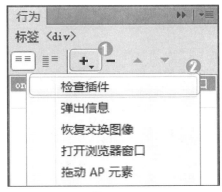

图 12-36

第3步　弹出【检查插件】对话框，**1.** 在【如果有，转到 URL】和【否则，转到 URL】文本框中输入 HTML 文件名称，**2.** 选中【如果无法检测，则始终转到第一个 URL】复选框，**3.** 单击【确定】按钮，如图 12-37 所示。

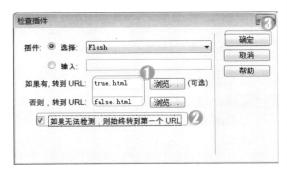

图 12-37

第4步　保存页面，在浏览器中预览页面，单击"检查插件"超链接，页面跳转到 true.html，表示检测到了 Flash 插件，如图 12-38 所示。

图 12-38

在【检查插件】对话框中，用户可以对相关的选项进行设置，这些选项的功能如下。

> 　　【插件】后面的下拉列表框：该下拉列表框用于设置插件类型，包括 Flash、Shockwave、QuickTime、LiveAudio 和 Windows Media Player 选项。

> 　　【输入】文本框：可以直接在该文本框中输入要检查的插件类型。

> 　　【如果有，转到 URL】文本框：可以在该文本框中直接输入当检查到用户的浏览器中安装了所选插件时跳转到的 URL 地址，也可以单击【浏览】按钮选择目标文档。

> 　　【否则，转到 URL】文本框：在该文本框中可以直接输入当检查到用户的浏览器

Dreamweaver CC中文版网页设计与制作

中未安装所选插件时跳转到的 URL 地址，也可以单击【浏览】按钮选择目标文档。

➤ 【如果无法检测，则始终转到第一个 URL】复选框：选中该复选框，如果浏览器不支持对所选插件的检查特性，则直接跳转到上面设置的第一个 URL 地址。大多数情况下，浏览器会提示并下载安装所选插件。

12.5.2 改变属性

微课堂 00 分 20 秒

使用"改变属性"行为可以改变对象的属性值。例如，当某个鼠标事件发生之后，通过这个动作的影响动态地改变表格的背景、Div 的背景等属性，以获得相对动态的页面。下面详细介绍改变属性的操作方法。

操作步骤 >> **Step by Step**

第1步 打开"12-5-2 素材文件.html"文件，选中图像，**1.** 在【行为】面板中单击【添加行为】按钮，**2.** 在弹出的菜单中选择【改变属性】菜单项，如图 12-39 所示。

图 12-39

第2步 弹出【改变属性】对话框，**1.** 在【新的值】文本框中输入#FF3300，**2.** 单击【确定】按钮，如图 12-40 所示。

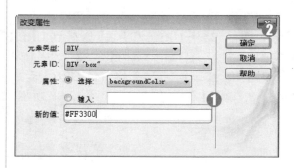

图 12-40

第3步 在【行为】面板中，将触发该行为的事件修改为 onMouseOver，如图 12-41 所示。

图 12-41

第4步 使用相同的方法，选中同一图像，再次添加改变属性行为，**1.** 在弹出的【改变属性】对话框的【新的值】文本框中输入#333333，**2.** 单击【确定】按钮，如图 12-42 所示。

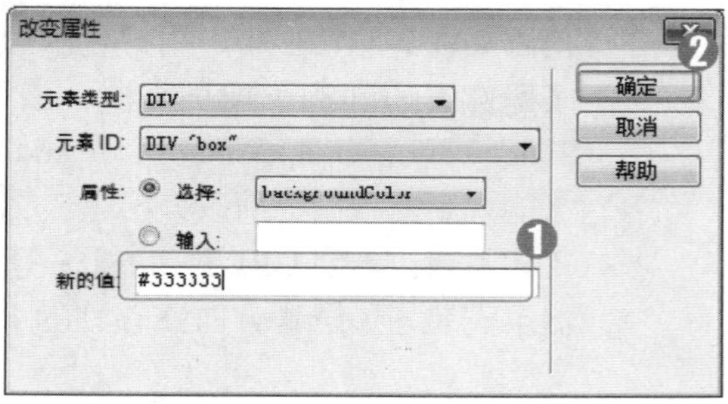

图 12-42

第5步 在【行为】面板中，将触发该行为的事件修改为 onMouseOut，如图 12-43 所示。

第6步 保存页面，在浏览器中预览页面，当鼠标指针移至网页中的图像上时可以看到改变属性行为的效果，如图 12-44 所示。

图 12-43

图 12-44

在【改变属性】对话框中，用户可以对相关的选项进行设置，这些选项的功能如下。

➢ 【元素类型】下拉列表框：在该下拉列表框中可以选择需要修改属性的元素。

➢ 【元素 ID】下拉列表框：用来显示网页中所有该类元素的名称，在下拉列表框中可以选择需要修改属性的 Div 的名称。

➢ 【属性】区域：用来设置改变元素的何种属性，可以直接在【选择】后面的下拉列表框中进行选择。如果需要更改的属性没有出现在下拉列表框中，可以在【输入】文本框中输入属性。

➢ 【新的值】文本框：在该文本框中可以为选择的属性赋予新的值。

12.5.3 显示和隐藏元素

微课堂
01 分 15 秒

"显示-隐藏元素"行为可以根据鼠标事件显示或隐藏页面中的 Div，该行为很好地改善了网页与用户之间的交互。显示-隐藏行为一般用于给用户提示一些信息。当用户将鼠标指针划过栏目图像时，可以显示一个 Div 元素，给出有关该栏目的说明、内容等详细信息。下面详细介绍使用显示和隐藏元素行为的操作方法。

🔆 知识拓展

"显示-隐藏元素"行为可以显示、隐藏或回复一个或多个 Div 元素的默认可见性。在【显示-隐藏元素】对话框中，【元素】列表框中列出了当前文档中所有存在的 Div 元素的名称；【显示】、【隐藏】和【默认】按钮用于选择对【元素】列表框中选中的 Div 元素进行控制的类型。

Dreamweaver CC 中文版网页设计与制作

操作步骤 >> Step by Step

第1步 打开"12-5-3 素材文件.html"文件，**1.** 选中名为 text 的 Div，**2.** 在【属性】面板的【可见性】下拉列表框中选择 hidden 选项，如图 12-45 所示。

图 12-45

第3步 弹出【显示-隐藏元素】对话框，**1.** 选择【div "text"（显示）】选项，**2.** 单击【显示】按钮，**3.** 单击【确定】按钮，如图 12-47 所示。

图 12-47

第2步 选中图像，**1.** 在【行为】面板中单击【添加行为】按钮，**2.** 在弹出的菜单中选择【显示-隐藏元素】菜单项，如图 12-46 所示。

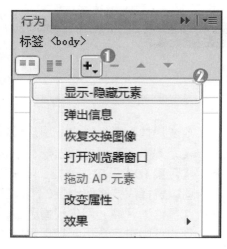

图 12-46

第4步 在【行为】面板中，将触发该行为的事件修改为 onMouseOver，如图 12-48 所示。

图 12-48

第 5 步 使用相同的方法，选中同一图像，再次添加改变属性行为，**1.** 在弹出的【显示-隐藏元素】对话框中选择【div "text" (隐藏) 】选项，**2.** 单击【隐藏】按钮，**3.** 单击【确定】按钮，如图 12-49 所示。

第 6 步 在【行为】面板中，将触发该行为的事件修改为 onMouseOut，如图 12-50 所示。

图 12-49

图 12-50

第 7 步 保存页面，在浏览器中预览页面，当鼠标指针移开图像时会隐藏相应的内容，当鼠标指针移至图像时会显示相应的内容，如图 12-51 所示。

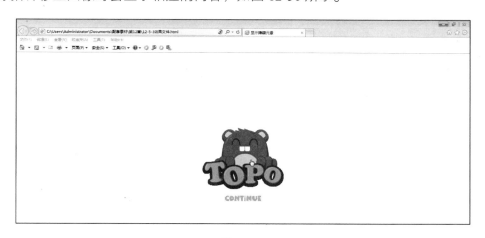

图 12-51

Section 12.6 专题课堂——控制表单

导读

使用行为可以控制表单元素，如常用的菜单、验证等。用户在 Dreamweaver 中制作出表单后，在提交前首先应确认是否在必填域中按照要求格式输入了信息。本节将介绍控制表单的有关知识。

Dreamweaver CC 中文版网页设计与制作

12.6.1　跳转菜单

跳转菜单是创建链接的一种形式，与真正的链接相比，跳转菜单可以节省很大的空间。跳转菜单由表单中的菜单发展而来，通过【行为】面板中的【跳转菜单】选项进行添加。下面详细介绍添加跳转菜单的操作方法。

操作步骤　>>　Step by Step

第 1 步　打开"12-6-1 素材文件.html"文件，**1.** 将鼠标指针定位在红色虚线的表单域中，在【插入】面板中选择【表单】选项，**2.** 选择【选择】选项，如图 12-52 所示。

第 2 步　插入一个选择框，**1.** 在【行为】面板中单击【添加行为】按钮，**2.** 在弹出的菜单中选择【跳转菜单】菜单项，如图 12-53 所示。

图 12-52

图 12-53

第 3 步　弹出【跳转菜单】对话框，**1.** 在【文本】文本框中输入内容，**2.** 单击【添加行为】按钮添加到【菜单项】列表中，运用相同方法继续添加内容，如图 12-54 所示。

第 4 步　通过以上步骤即可在页面中插入跳转菜单，如图 12-55 所示。

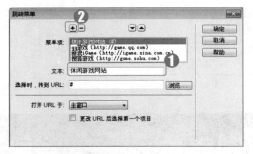

图 12-54

图 12-55

在【跳转菜单】对话框中，各选项的功能如下。

➢ 　【菜单项】列表框：在该列表框中列出了所有存在的菜单。如果是刚弹出的【跳转菜单】对话框，则只有一项默认的"项目 1"。

➢ 　【文本】文本框：在该文本框中输入要在菜单列表中显示的文本。

➢ 　【选择时，转到 URL】文本框：在该文本框中可以直接选择该选项跳转到的网页地址，也可以单击【浏览】按钮，在弹出的【选择文件】对话框中选择要链接到的文件，可以是一个 URL 的绝对地址，也可以是相对地址的文件。

> 【打开 URL 于】下拉列表框：在该下拉列表框中可以选择文件的打开位置，有【主窗口】和【框架】两个选项。如果选择【主窗口】选项，则在同一窗口中打开文件；如果选择【框架】选项，则在所选框架中打开文件。

> 【更改 URL 后选择第一个项目】复选框：如果要使用菜单选择提示，则选中该复选框。

专家解读

在 Dreamweaver CC 之前的版本中，在【插入】面板的【表单】选项下有【跳转菜单】选项，可以直接插入跳转菜单。而在 Dreamweaver CC 中，在【插入】面板的【表单】选项中去掉了【跳转菜单】选项，如果需要在网页中插入跳转菜单，可以通过添加"跳转菜单"行为来实现。

12.6.2　跳转菜单开始

微课堂
00 分 28 秒

设置跳转菜单开始的方法很简单，下面详细介绍具体操作方法。

操作步骤　>>　Step by Step

第1步　打开"12-6-2 素材文件.html"文件，选中表单中的按钮，**1.** 在【行为】面板中单击【添加行为】按钮，**2.** 在弹出的菜单中选择【跳转菜单开始】菜单项，如图 12-56 所示。

图 12-56

第3步　保存页面，在浏览器中预览页面，在页面的列表框中选择一个选项，单击按钮即可完成设置跳转菜单开始的操作，如图 12-58 所示。

图 12-58

第2步　弹出【跳转菜单开始】对话框，**1.** 在【选择跳转菜单】下拉列表框中选择 select 选项，**2.** 单击【确定】按钮，如图 12-57 所示。

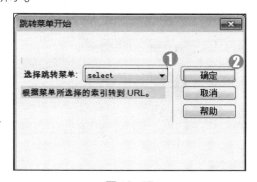

图 12-57

■ 指点迷津

【跳转菜单开始】下拉菜单比一般的下拉菜单多了一个跳转按钮，这个按钮可以是各种形式，如图片等。在一般的商业网站中，这种技术很常用。

12.6.3 检查表单

在网上浏览时，用户经常需要填写这样或那样的表单，提交表单后，一般会有程序自动校验表单的内容是否合法。可以使用"检查表单"行为配以 onBlur 事件，在用户填写完表单的每一项之后立刻检验是否合法；也可以使用"检查表单"行为配以 onSubmit 事件，当用户单击【提交】按钮后一次校验所有填写内容的合法性。下面详细介绍使用检查表单行为的操作方法。

操作步骤 >> Step by Step

第1步 打开"12-6-3 素材文件.html"文件，在标签选择器中选中<form#form1>标签，如图 12-59 所示。

图 12-59

第2步 在【行为】面板中，**1.** 单击【添加行为】按钮，**2.** 在弹出的菜单中选择【检查表单】菜单项，如图 12-60 所示。

图 12-60

第3步 弹出【检查表单】对话框，**1.** 在【域】列表框中选中 input "uname"(RisEmail)选项，**2.** 选中【必需的】复选框，**3.** 选中【电子邮件地址】单选按钮，如图 12-61 所示。

图 12-61

第4步 **1.** 在【域】列表框中选中 input "uname"(RisNum)选项，**2.** 选中【必需的】复选框，**3.** 选中【数字】单选按钮，**4.** 单击【确定】按钮，如图 12-62 所示。

图 12-62

第5步 保存页面，在浏览器中预览效果，当输入信息错误并提交表单时，浏览器会弹出警告对话框，如图 12-63 所示。

图 12-63

■ **指点迷津**

浏览器弹出的警告对话框中的文本都是系统默认使用的英文，如果要修改成中文，需要通过修改源代码来解决。

在客户端处理表单信息，无疑要用到脚本程序。对于一些简单、常用的有效性验证，用户可以通过行为完成，不需要自己编写脚本，但是如果需要进一步的特殊验证方式，则用户必须自己编写代码。

Section
12.7

实践经验与技巧

本节将侧重介绍和讲解与本章知识点有关的实践经验与技巧，主要包括拖动 AP 元素行为、恢复交换图像行为和设置框架文本等方面的知识与操作技巧。

12.7.1　拖动 AP 元素行为

微课堂
01 分 23 秒

在某些电子商务网站上，我们经常会用鼠标把商品直接拖到购物车中；在某些在线游戏网站上，还会提供一些拼图游戏等，这些使用鼠标拖动的行为称为拖动 AP 元素。下面详细介绍使用拖动 AP 元素的操作方法。

操作步骤　>>　**Step by Step**

第 1 步　打开 "12-7-1 素材文件.html" 文件，**1.** 选中<div#apDiv1>，**2.** 在【属性】面板的【Z 轴】文本框中输入 1，如图 12-64 所示。使用相同的方法设置 apDiv2 和 apDiv3 的【Z 轴】值分别为 2 和 3。

图 12-64

第 2 步　在【行为】面板中，**1.** 单击【添加行为】按钮，**2.** 在弹出的菜单中选择【拖动 AP 元素】菜单项，如图 12-65 所示。

图 12-65

第 3 步　弹出【拖动 AP 元素】对话框，**1.** 在【AP 元素】下拉列表框中选择 div "apDiv2" 选项，**2.** 单击【确定】按钮，如图 12-66 所示。

图 12-66

第 4 步　在【行为】面板中，将鼠标事件修改成 onMouseDown。使用相同的方法将页面中的 apDiv3 设置为可以拖动的 AP 元素，如图 12-67 所示。

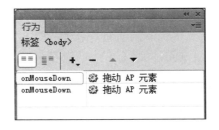

图 12-67

Dreamweaver CC 中文版网页设计与制作

第 5 步　保存页面，在浏览器中预览效果，用鼠标拖动 Div，可以发现能够随意对其进行拖动，如图 12-68 所示。

图 12-68

■ 指点迷津

在【拖动 AP 元素】对话框的【基本】选项卡的【AP 元素】下拉列表框中可以选择允许用户拖动的 Div，可以查看 Div 名称后的设置。【移动】下拉列表框中包含【限制】和【不限制】两个选项，【不限制】选项适用于拼版游戏和其他拖放游戏；对于滑块控制和可移动布景，可以选择【限制】选项。

12.7.2　恢复交换图像行为

微课堂 00 分 12 秒

"恢复交换图像"行为是将最后一组交换的图像恢复为它们的原始图像，该行为只有在网页中已经使用了交换图像行为后才可以使用，如图 12-69 所示。

图 12-69

12.7.3　设置框架文本

微课堂 00 分 11 秒

"设置框架文本"行为用于包含框架结构的页面，可以动态地改变框架的文本、改变框架的显示和替换框架的内容。选中页面中的某个对象后，单击【行为】面板中的【添加行为】按钮，在弹出的菜单中选择【设置文本】菜单项，在弹出的子菜单中选择【设置框架文本】菜单项，弹出【设置框架文本】对话框，如图 12-70 所示。对话框中各选项的功能如下。

➢　【框架】下拉列表框：在该下拉列表框中选择显示设置文本的框架。

➢　【新建 HTML】列表框：在该列表框中设置在选定框架中显示的 HTML 代码。

➢　【获取当前 HTML】按钮：单击该按钮，可以在窗口中显示框架中 <body> 标签之间的代码。

➢　【保留背景色】复选框：选中该复选框，可以保留原来框架中的背景颜色。

图 12-70

Section 12.8　有问必答

1. 如何打开【行为】面板？

启动 Dreamweaver CC 程序，单击【窗口】主菜单，在弹出的菜单中选择【行为】菜单项即可打开【行为】面板。

2. 如何设置容器的文本？

选中页面中的某个对象，在【行为】面板中执行【添加行为】→【设置文本】→【设置容器的文本】命令，在弹出的【设置容器的文本】对话框中设置相应的参数即可。

3. 如何设置框架文本？

在【行为】面板中执行【添加行为】→【设置文本】→【设置框架文本】命令，在弹出的【设置框架文本】对话框中进行相应的设置即可。

4. 如何区分事件与动作？

事件实际上是浏览器生成的消息，用于指示该页面在浏览时执行某种操作。动作只有在某个事件发生时才会执行。

5. 如何更换触发器？

在选中行为后，用户可以单击触发器的名称来更换触发器。

第13章

制作 jQuery Mobile 页面

本章
要点

❖ jQuery 与 jQuery Mobile 概述

❖ 创建 jQuery Mobile 页面

❖ 使用 jQuery Mobile 组件

❖ 专题课堂——列表

本章主
要内容

本章主要介绍 jQuery 与 jQuery Mobile 概述、创建 jQuery Mobile 页面、使用 jQuery Mobile 组件和列表方面的知识与技巧，在本章的最后还针对实际的工作需求，讲解了使用滑块、设置翻转切换开关的方法。通过本章的学习，读者可以掌握制作 jQuery Mobile 页面的知识，为深入学习 Dreamweaver CC 知识奠定基础。

Dreamweaver CC 中文版网页设计与制作

导读

  在使用 Dreamweaver CC 创建 jQuery Mobile 移动设备网页之前，首先应先了解 jQuery 与 jQuery Mobile 的基本特征。本节将详细介绍有关 jQuery 与 jQuery Mobile 的知识。

13.1.1   jQuery

  jQuery，是 JavaScript 和查询(Query)两个单词的缩写，即辅助 JavaScript 开发的库。JQuery 是继 prototype 之后又一个优秀的 JavaScript 库。它是轻量级的 js 库，它兼容 CSS3，还兼容各种浏览器(如 IE 6.0+、FF 1.5+、Safari 2.0+和 Opera 9.0+)，但 jQuery 2.0 及后续版本将不再支持 IE6/7/8 浏览器。

  jQuery 是一个兼容多浏览器的 javascript 库，其核心理念是"写得更少，做得更多"。jQuery 在 2006 年 1 月由美国人 John Resig 在纽约的 barcamp 发布，吸引了来自世界各地的众多 JavaScript 高手加入，由 Dave Methvin 率领团队进行开发。如今，jQuery 已经成为最流行的 javaScript 库，在世界前 10 000 个访问最多的网站中，有超过 55%的网站在使用 jQuery。

  jQuery 使用户能更方便地处理 HTML、events 和实现动画效果，并且方便地为网站提供 AJAX 交互。jQuery 还有一个比较大的优势是它的文档说明很全，而且各种应用也说得很详细，同时还有许多成熟的插件可供选择。jQuery 能够使用户的 html 页面保持代码和 html 内容分离，也就是说，不用再在 html 里面插入一堆 js 来调用命令了，只需要定义 id 即可。

  jQuery 是免费、开源的，使用 MIT 许可协议。jQuery 的语法设计可以使开发更加便捷，如操作文档对象、选择 DOM 元素、制作动画效果、事件处理、使用 Ajax 以及其他功能。除此以外，jQuery 还提供 API 让开发者编写插件，其模块化的使用方式使开发者可以很轻松地开发出功能强大的静态或动态网页。

☢ 知识拓展

  现在 jQuery Mobile 驱动着 Internet 上大量的网站，它可以在浏览器中提供动态的用户体验，使传统桌面应用程序越来越受到其影响。

13.1.2   jQuery Mobile

  jQuery Mobile 是 jQuery 在手机上和平板设备上的版本。jQuery Mobile 不仅会给主流

移动平台带来 jQuery 核心库，而且会发布一个完整统一的 jQuery 移动 UI 框架。jQuery Mobile 支持全球主流的移动平台。

　　jQuery Mobile 的使命是向所有主流移动浏览器提供一种统一体验，使整个 Internet 上的内容更加丰富(无论使用何种设备)。jQuery Mobile 的目标是在一个统一的 UI 框架中交付 JavaScript 功能，跨最流行的智能手机和平板电脑设备工作。与 jQuery 一样，jQuery Mobile 是一个在 Internet 上直接托管、可以免费使用的开源代码基础。实际上，当 jQuery Mobile 致力于同意和优化这个代码基础时，jQuery Mobile 核心库受到了极大的关注。这种关注充分说明，移动浏览器技术在很短时间内取得了非常大的发展。

　　jQuery Mobile 与 jQuery 核心库一样，用户在计算机上不需要安装任何程序，只需要将各种*.js 和*.css 文件直接包含在 Web 页面中即可，这样 jQuery Mobile 的功能就好像被放到了用户的指尖上，供用户随时使用。

Section 13.2　创建 jQuery Mobile 页面

导读

　　　　Dreamweaver 与 jQuery Mobile 相辅相成，可以帮助用户快速设计适合大部分移动设备的网页程序，同时也可以使网页自身适应各类尺寸的设备。本节将介绍创建 jQuery Mobile 页面的方法。

13.2.1　使用 jQuery Mobile 起始页

微课堂
00 分 22 秒

　　使用 jQuery Mobile 起始页的操作非常简单。下面详细介绍创建 jQuery Mobile 页面结构的操作方法。

操作步骤　>>　Step by Step

第1步　启动 Dreamweaver CC 程序，*1.* 单击【文件】主菜单，*2.* 在弹出的菜单中选择【新建】菜单项，如图 13-1 所示。

第2步　弹出【新建文档】对话框，*1.* 选择【启动器模板】选项，*2.* 在【示例页】列表中选择 jQuery Mobile(CND)选项，*3.* 单击【创建】按钮，如图 13-2 所示。

图 13-1

图 13-2

Dreamweaver CC 中文版网页设计与制作

第3步 通过以上步骤即可完成建立 jQuery Mobile 起始页的操作,如图 13-3 所示。

图 13-3

■ 指点迷津

用户在安装 Dreamweaver 时,软件会将 jQuery Mobile 文件的副本复制到用户的计算机中。选择 jQuery Mobile(本地)起始页时所打开的 HTML 页会链接到本地 CSS、JavaScript 和图像文件。

13.2.2 使用 HTML5 页面

微课堂
00 分 28 秒

jQuery Mobile 页面组件充当所有其他 jQuery Mobile 组件的容器。在新的使用 HTML5 的页面中添加 jQuery Mobile 页面组件,可以创建出 jQuery Mobile 的页面结构。下面详细介绍使用 HTML5 的操作方法。

操作步骤 >> **Step by Step**

第1步 启动 Dreamweaver CC 程序,**1.** 单击【文件】主菜单,**2.** 在弹出的菜单中选择【新建】菜单项,如图 13-4 所示。

第2步 弹出【新建文档】对话框,**1.** 选择【空白页】选项,**2.** 在【页面类型】列表中选择 HTML 选项,**3.** 在【文件类型】下拉列表框中选择 HTML5 选项,**4.** 单击【创建】按钮,如图 13-5 所示。

图 13-5

图 13-4

第3步 创建 HTML5 页面的操作完成,如图 13-6 所示。

图 13-6

13.2.3 jQuery Mobile 页面结构

jQuery Mobile Web 应用程序一般都要遵循下面所示的基本模板。

```
<!DOCTYPE html>
<html>
<head>
<title>Page Title</title>
<link rel= "stylesheet "
Href=http://code.jquery-1.6.4.min.js type= "text/javascript "></script>
</head>
<body>
<div data-role= "page ">
<div data-role= "header ">
<h1>Page Title</h1>
</div>
<div data-role= "content ">
 <p>page content goes here.</p>
 </div>
<div data-role= "footer ">
<h4>Page Footer</h4>
</div>
</div>
</body>
</html>
```

知识拓展

用户要使用 jQuery Mobile，首先需要在开发的界面中包含以下 3 个内容：CSS 文件、jQuery library 和 jQuery Mobile library。

在上面的页面基本模板中，引入这 3 个元素采用的是 jQuery CND 方式。网页开发者也可以下载这些文件及主题模板到自己的服务器上。

以上页面中的内容都包装在 div 标签中，并在标签中加入了 data-role= "page "属性。这样 jQuery Mobile 就会知道哪些内容需要处理。

另外，在"page "div 中还包含 header、content、footer 的 div 元素。这些元素都是可选的，但至少要包含一个"content "div，具体解释如下。

➢ < div data-role="header"></div>标签：在页面的顶部建立导航工具栏，用于放置标题和按钮(典型的至少要放置一个【返回】按钮，用于返回前一页)。通过添加额外的属性 data-position="fixed"，可以保证头部始终保持在屏幕的顶部。

➢ < div data-role="content"></div>标签：包含一些主要内容，如文本、图像、按钮、列表、表单等。

➢ <div data-role="footer"></div>标签：在页面的底部建立工具栏，添加一些功能按钮。通过添加额外的属性 data-position= "fixed "，可以保证它始终保持在屏幕的底部。

Dreamweaver CC 中文版网页设计与制作

Section 13.3 使用 jQuery Mobile 组件

导读 　在 Flash CC 中，场景是专门用来容纳图层里面各种对象的地方，单独的场景可以用于简介、出现的消息以及片头片尾字幕等。本节将详细介绍场景动画方面的知识。

13.3.1 使用列表视图

微课堂　00 分 21 秒

jQuery Mobile 提供了多种组件，包括列表、布局、表单等多种元素。在 Dreamweaver 中使用【插入】面板中的 jQuery Mobile 分类，可以可视化地插入这些组件。下面详细介绍使用列表视图的方法。

操作步骤　>>　**Step by Step**

第 1 步 　打开 jQuery Mobile 页面，**1.** 将鼠标指针定位在准备插入视图的位置，在【插入】面板中选择 jQuery Mobile 选项，**2.** 选择【列表视图】选项，如图 13-7 所示。

图 13-7

第 3 步 　在页面中插入列表视图的操作完成，如图 13-9 所示。

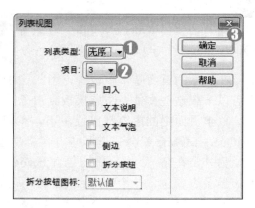

图 13-9

第 2 步 　弹出【列表视图】对话框，**1.** 在【列表类型】下拉列表框中选择【无序】选项，**2.** 在【项目】下拉列表框中选择 3 选项，**3.** 单击【确定】按钮，如图 13-8 所示。

图 13-8

■ 指点迷津

除通过【插入】面板插入列表视图外，用户还可以执行【插入】→jQuery Mobile→【列表视图】命令来插入列表视图。

13.3.2　使用布局网格

因为移动设备的屏幕通常都比较小，所以不推荐用户在布局中使用多栏布局方法。当用户需要在网页中将一些小的元素并排放置时，可以使用布局网格。jQuery Mobile 框架提供了一种简单的方法构建基于 CSS 的分栏布局——ui-grid。jQuery Mobile 提供两种预设的配置布局：两列布局(class 含有 ui- grid-a)和三列布局(class 含有 ui- grid-b)。这两种配置的布局几乎可以满足任何情况。下面详细介绍使用布局网格的操作方法。

操作步骤　>>　Step by Step

第 1 步　打开 jQuery Mobile 页面，**1.** 将鼠标指针定位在准备插入布局网格的位置，在【插入】面板中选择 jQuery Mobile 选项，**2.** 选择【布局网格】选项，如图 13-10 所示。

图 13-10

第 3 步　在页面中插入布局网格的操作完成，如图 13-12 所示。

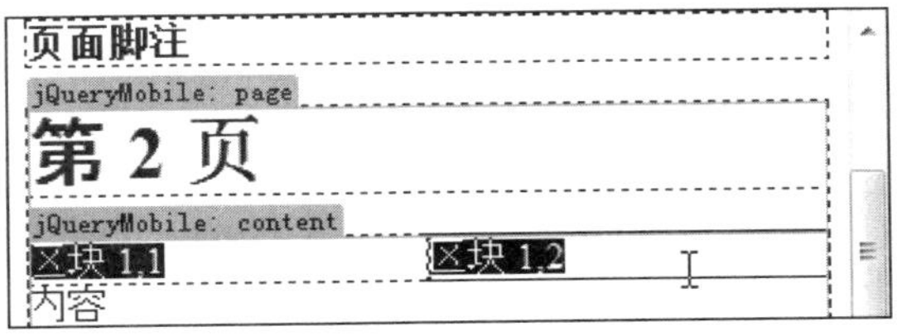

图 13-12

第 2 步　弹出【布局网格】对话框，**1.** 在【行】下拉列表框中选择 1 选项，**2.** 在【列】下拉列表框中选择 2 选项，**3.** 单击【确定】按钮，如图 13-11 所示。

图 13-11

■ 指点迷津

除了通过【插入】面板插入布局网格外，用户还可以执行【插入】→jQuery Mobile→【布局网格】命令来插入布局网格。

要构建两栏的布局，需要先构建一个父容器，添加一个名为 ui- grid-a 的 class，内部设置两个子容器，并分别为第一个子容器添加 class: " ui- block-a"，为第二个子容器添加 class: " ui- block-b"。默认两栏没有样式，并行排列。分类的 class 可以应用到任何类型的容器上。jQuery Mobile 两栏布局的源代码如下。

```
<div data-role="content">
<div class="ui- grid-a">
<div class="ui- block-a">区块 1,1</div >
<div class="ui- block-b">区块 1,2</div >
</div >
</div >
```

Dreamweaver CC 中文版网页设计与制作

另一种布局的方式是三栏布局，为父容器添加 class= "ui- grid-b"，然后分别为 3 个子容器添加 class= "ui- grid -a"、class= "ui- grid-b"、class= "ui- grid -c"。依此类推，如果是 4 栏布局，则为父容器添加 class= "ui-grid -ac"(2 栏为 a，3 栏为 b，4 栏为 c，等等)，为子容器分别添加 class="ui- block-a"、class=" ui- block-b"、class=" ui- block-c"等。jQuery Mobile 三栏布局的源代码如下。

```
<div class="ui- block -a">区块 1,1</div >
<div class="ui- block-b">区块 1,2</div >
<div class="ui- block-c">区块 1,3</div >
</div >
```

13.3.3   使用可折叠区块

要在网页中创建一个可折叠区块，先要创建一个容器，然后为容器添加 data-role="collapsible"属性。jQuery Mobile 会将容器内的(h1～h6)子节点表现为可点击的按钮，并在左侧添加一个 "+" 按钮，表示其可以展开。在头部后面可以添加任何需要折叠的 html 标签，框架会自动将这些标签包裹在一个容器中用于折叠或显示。下面详细介绍使用可折叠区块的操作方法。

操作步骤 >> **Step by Step**

第 1 步　打开 jQuery Mobile 页面，**1.** 将鼠标指针定位在准备插入可折叠区块的位置，在【插入】面板中选择 jQuery Mobile 选项，**2.** 选择【可折叠区块】选项，如图 13-13 所示。

第 2 步　此时，即可在页面中插入可折叠区块，如图 13-14 所示。

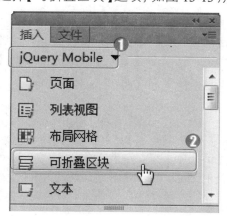

图 13-13

图 13-14

要构建两栏布局(50%/50%)，需要先构建一个父容器，添加一个名为 ui-grid-a 的 class，内部设置两个子容器，并分别为第一个子容器添加 class="ui-block-a"，为第二个子容器添加 class="ui- block-b"。默认情况下，可折叠容器是展开的，可以通过点击容器的头部收缩。为折叠的容器添加 data-collapsible="true"的属性，可以设置默认收缩。

13.3.4　使用文本输入框

文本输入框和文本输入域使用标准的 html 标记的，jQuery Mobile 会让它们在移动设备中变得更加易于触摸使用。下面详细介绍插入文本输入框的操作方法。

操作步骤　>>　Step by Step

第1步　打开 jQuery Mobile 页面，**1.** 将鼠标指针定位在准备插入文本输入框的位置，在【插入】面板中选择 jQuery Mobile 选项，**2.** 选择【文本】选项，如图 13-15 所示。

第2步　在【文档】工具栏中单击【实时视图】按钮，即可看到在页面中插入文本输入框的效果，如图 13-16 所示。

图 13-15

图 13-16

要使用标准字母数字的输入框，则为 input 增加 type="text"属性。注意要将 label 的 for 属性设置为 input 的 id 值，使它们能够在语义上相关联。如果用户在页面中不想看到 label，可以将其隐藏。

13.3.5　使用密码输入框

在 jQuery Mobile 中，用户可以使用现存的和新的 HTML5 输入类型，如 password。有一些类型在不同的浏览器中会被渲染成不同的样式，如 Chrome 浏览器会将 range 输入框渲染成滑动条，所以应通过将类型转换为 text 来标准化它们的外观(目前只作用于 range 和 search 元素)。用户可以使用 page 插件的选项来配置那些被降级为 text 的输入框。使用这些特殊类型输入框的好处是：在智能手机上不同的输入框对应不同的触摸键盘。下面详细介绍使用密码输入框的操作方法。

Dreamweaver CC 中文版网页设计与制作

操作步骤 >> **Step by Step**

第1步　打开 jQuery Mobile 页面，*1.* 将鼠标指针定位在准备插入密码输入框的位置，在【插入】面板中选择 jQuery Mobile 选项，*2.* 选择【密码】选项，如图 13-17 所示。

图 13-17

第2步　在【文档】工具栏中单击【实时视图】按钮，即可看到在页面中插入密码输入框的效果，如图 13-18 所示。

图 13-18

为 input 设置 type="password" 属性，可以将其设置为密码框。注意要将 label 的 for 属性设置为 input 的 id 值，使它们能够在语义上相关联，并且要用 div 容器包裹它们，并给它设定 data-role="fieldcontain" 属性。

13.3.6　使用文本区域

微课堂　00 分 23 秒

对于多行输入可以使用 textarea 元素。jQuery Mobile 框架会自动加大文本域的高度，防止出现滚动。下面详细介绍使用文本区域的操作方法。

操作步骤 >> **Step by Step**

第1步　打开 jQuery Mobile 页面，*1.* 将鼠标指针定位在准备插入文本区域的位置，在【插入】面板中选择 jQuery Mobile 选项，*2.* 选择【文本区域】选项，如图 13-19 所示。

图 13-19

第2步　在【文档】工具栏中单击【实时视图】按钮，即可看到在页面中插入文本区域的效果，如图 13-20 所示。

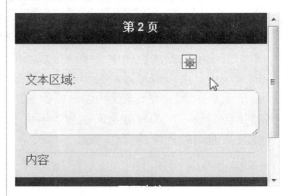

图 13-20

第 13 章　制作 jQuery Mobile 页面

在插入 jQuery Mobile 文本区域时，应注意将 label 的 for 属性设置为 input 的 id 值，使它们能够在语义上相关联，并且要用 div 容器包裹它们，并给它设定 data-role="fieldcontain" 属性。

13.3.7　使用选择菜单

选择菜单放弃了 select 元素的样式(select 元素被隐藏，并由一个 jQuery Mobile 框架自动以样式的按钮和菜单所替代)，ARIA(Accessible Rich Applications)菜单不使用电脑的键盘也能够访问。当单击选择菜单时，手机自带的菜单选择器将被打开，菜单内的某个值被选中后，自定义的选择按钮的值将被更新为用户选择的选项。下面详细介绍使用选择菜单的操作方法。

操作步骤　>>　Step by Step

第1步　打开 jQuery Mobile 页面，**1.** 将鼠标指针定位在准备插入选择菜单的位置，在【插入】面板中选择 jQuery Mobile 选项，**2.** 选择【选择】选项，如图 13-21 所示。

图 13-21

第2步　在【文档】工具栏中单击【实时视图】按钮，即可看到在页面中插入选择菜单的效果，如图 13-22 所示。

图 13-22

知识拓展

要添加 jQuery Mobile 选择菜单组件，应使用标准的 select 元素和位于其内的一组 option 元素。注意要将 label 的 for 属性设置为 select 的 id 值，使它们能够在语义上相关联。把它们包裹在 data-role="fieldcontain" 的 div 中进行分组。框架会自动找到所有的 select 元素并自动把它们增强为自定义的选择菜单。

13.3.8　使用复选框

复选框用于提供一组选项，可以选中不止一个选项。传统的桌面程序的复选框按钮组没有对触摸输入的方式进行优化，所以在 jQuery Mobile 中，lable 也被样式化为复选按钮，使按钮更长，更容易被点击选中，并添加了自定义的一组图标来增强视觉反馈效果。下面

Dreamweaver CC 中文版网页设计与制作

详细介绍使用复选框的操作方法。

操作步骤 >> **Step by Step**

第1步 打开 jQuery Mobile 页面，*1.* 将鼠标指针定位在准备插入复选框的位置，在【插入】面板中选择 jQuery Mobile 选项，*2.* 选择【复选框】选项，如图 13-23 所示。

图 13-23

第3步 在【文档】工具栏中单击【实时视图】按钮，即可看到在页面中插入复选框的效果，如图 13-25 所示。

图 13-25

第2步 弹出【复选框】对话框，*1.* 在【名称】文本框中输入名称，*2.* 在【复选框】下拉列表框中选择【3】选项，*3.* 在【布局】区域选中【垂直】单选项，*4.* 单击【确定】按钮，如图 13-24 所示。

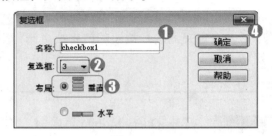

图 13-24

■ **指点迷津**

要创建一组复选框，为 input 添加 type="checkbox" 属性和相应的 label 即可。注意要将 label 的 for 属性设置为 input 值，使它们能够在语义上相关联。

Section

13.4 专题课堂——列表

本节将侧重介绍和讲解与本章知识点有关的实践经验与技巧，主要包括创建有序列表、创建内嵌列表等方面的知识与操作技巧。

13.4.1 创建有序列表

通过有序列表 ol 可以创建数字排序的列表，用于表现顺序序列。例如，在设置搜索结

果或电影排行榜时，有序列表非常有用。当增强效果应用在列表时，jQuery Mobile 优先使用 CSS 的方式为列表添加编号，当浏览器不支持该方式时，框架会采用 JavaScript 将编号写入列表中。jQuery Mobile 有序列表的源代码如下。

```
<ol data-role="listview">
  <li><a href="#">页面</a></li>
  <li><a href="#">页面</a></li>
  <li><a href="#">页面</a></li>
</ol>
```

13.4.2　创建内嵌列表

列表也可以用于展示没有交互的条目，通常会是一个内嵌的列表。通过有序列表或者无序列表都可以创建只读列表，列表项内没有链接即可，jQuery Mobile 默认将它们的主题样式设置为"c"白色无渐变色，并将字号设置得比可点击的列表项小，以达到节省空间的目的。jQuery Mobile 内嵌列表的源代码如下所示。

```
<ul data-role="listview"data-inset="true">
  <li><a href="#">页面</a></li>
  <li><a href="#">页面</a></li>
  <li><a href="#">页面</a></li>
</ul>
```

☕ **专家解读**

除了创建内嵌列表，还可以创建拆分按钮。当每个列表有多个操作时，拆分按钮可用于提供两个独立的可点击部分：列表项本身和列表项侧边的 icon。要创建这种拆分按钮，在<li>标签中插入第二链接即可。

Section 13.5　实践经验与技巧

本节将侧重介绍和讲解与本章知识点有关的实践经验与技巧，主要包括 jQuery Mobile 主题、使用滑块和设置翻转切换开关等方面的知识与操作技巧。

13.5.1　jQuery Mobile 主题

00 分 25 秒

jQuery Mobile 中每一个布局和组件都被设计成一个全新页面的 CSS 框架，使用户能够为站点和应用程序使用完全统一的视觉设计主题。

Dreamweaver CC 中文版网页设计与制作

jQuery Mobile 的主题样式系统与 jQuery UI 的 ThemeRoller 系统非常类似，但是有以下几点需要改进。

➢ 使用 CSS 3.0 来显示圆角、文字、盒阴影和颜色渐变，而不是图片，使主题文件轻量级，减轻了服务器的负担。

➢ 主体框架包含了几套颜色色板，每一套都包含了可以自由混搭和匹配的头部栏、主体内容部分和按钮状态，用于构建视觉纹理，创建丰富的网页设计效果。

➢ 开放的主题框架允许用户创建最多 6 套主体样式，为设计增加近乎无限的多样性。

➢ 一套简化的图标集，包含了移动设备上发布部分需要的图标，并且精简到一张图片中，从而减小了图片的大小。

每一套主题样式包括几项全局设置，包括字体阴影、按钮和模型的圆角值。另外，主题也包括几套颜色模板，每一个都定义了工具栏、内容区块、按钮和列表项的颜色以及字体的阴影。

默认设置中，jQuery Mobile 为所有的头部栏和尾部栏分配的是 a 主题，因为它们在应用中是视觉优先级最高的。如果用户要为 bar 设置一个不同的主题，只需要为头部栏和尾部栏增加 data-theme 属性，然后设定一个主题样式字母即可。如果没有指定，jQuery Mobile 会默认给 content 分配主题 e，使得在视觉上与头部栏区分开。下面详细介绍使用 jQuery Mobile 主题的操作方法。

操作步骤 >> Step by Step

第1步 打开 jQuery Mobile 页面，将鼠标指针定位在准备设置 jQuery Mobile 主题的位置，**1.** 单击【窗口】主菜单，**2.** 在弹出的菜单中选择【jQuery Mobile 色板】菜单项，如图 13-26 所示。

第2步 弹出【jQuery Mobile 色板】面板，单击【元素主题】列表中的颜色即可修改当前页面中的列表主题，如图 13-27 所示。

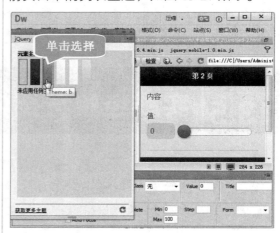

图 13-26

图 13-27

jQuery Mobile 默认内建了 5 套主题样式，用 a、b、c、d、e 引用。为了使颜色主题能够保持一直地映射到组件中，其遵循的约定如下。

➢ a 主题是视觉上最高级别的主题。

➢ b 主题为次级主题(蓝色)。

> ➤ c 主题为基础主题，在很多情况下默认使用。
> ➤ d 主题为备用的次级内容主题。
> ➤ e 主题为强调用主题。

13.5.2　使用滑块

在 jQuery Mobile 页面中使用滑块的方法非常简单，下面详细介绍操作步骤。

操作步骤 >> Step by Step

第 1 步　打开 jQuery Mobile 页面，将鼠标指针定位在准备插入滑块的位置，**1.** 在【插入】面板中选择 jQuery Mobile 选项，**2.** 选择【滑块】选项，如图 13-28 所示。

第 2 步　在【文档】工具栏中单击【实时视图】按钮，即可看到在页面中插入滑块的效果，如图 13-29 所示。

图 13-28

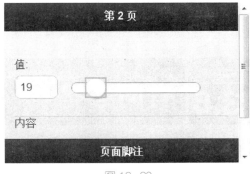

图 13-29

➡ 一点即通

为 input 的设置一个新的 HTML5 属性为 type="range"，可以为页面添加滑块组件，并可以指定其 value 值(当前值)，min 和 max 属性的值配置滑块，jQuery Mobile 会解析这些属性来配置滑动条。当用户拖动滑动条时，input 会随之更新数值，反之亦然，使用户能够轻易地在表单中提交数值。注意要将 label 的 for 属性设置为 input 的 id 值，使它们能够在语义上相关联，并且要用 div 容器包裹它们，并给它设定 data-role="fieldcontain"属性。

13.5.3　设置翻转切换开关

开关在移动设备上是一个常用的 ui 元素，它可以二元地切换开/关或输入 true/false 类型的数据。用户可以像拖动滑块一样拖动开关，或者点击开关任意一半进行操作。下面详细介绍设置翻转切换开关的操作方法。

Dreamweaver CC 中文版网页设计与制作

操作步骤 >> **Step by Step**

第1步 打开 jQuery Mobile 页面，将鼠标指针定位在准备设置翻转切换开关的位置，**1.** 在【插入】面板中选择 jQuery Mobile 选项，**2.** 选择【翻转切换开关】选项，如图 13-30 所示。

图 13-30

第2步 在【文档】工具栏中单击【实时视图】按钮，即可看到在页面中插入翻转切换开关的效果，如图 13-31 所示。

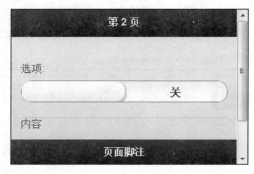

图 13-31

Section 13.6 有问必答

1. 如何区别 jQuery 和 jQuery Mobile？

jQuery 是辅助 JavaScript 开发的库。jQuery Mobile 是 jQuery 在手机上和平板设备上的的版本。

2. 如何创建 HTML5 页面？

在【新建文档】对话框中，选择【空白页】选项，在【页面类型】列表中选择 HTML 选项，在【文件类型】下拉列表框中选择 HTML5 选项，单击【创建】按钮即可完成操作。

3. 如何创建 jQuery Mobile 起始页？

在【新建文档】对话框中，选择【启动器模板】选项，在【示例页】列表中选择 jQuery Mobile(CND)选项，单击【创建】按钮即可完成操作。

4. 如何使用选择菜单？

将鼠标指针定位在准备插入选择菜单的位置，在【插入】面板中选择 jQuery Mobile 选项，选择【文本区域】选项即可完成使用选择菜单的操作。

5. 如何使用文本区域？

将鼠标指针定位在准备插入文本区域的位置，在【插入】面板中选择 jQuery Mobile 选项，选择【文本区域】选项即可完成操作。

第14章

站点的发布与推广

○ 本章
要点

❖ 测试与维护站点

❖ 上传与发布网站

❖ 网站运营与维护

❖ 专题课堂——网站推广

○ 本章主
要内容

　　本章主要介绍测试与维护站点、上传与发布网站、网站运营与维护以及网站推广方面的知识与技巧，在本章的最后还针对实际的工作需求，讲解了病毒性营销、口碑营销和微信营销的方法。通过本章的学习，读者可以掌握站点的发布与推广方面的知识，为深入学习Dreamweaver CC知识奠定基础。

Dreamweaver CC 中文版网页设计与制作

 测试站点的目的：一是为了保证在目标浏览器中页面的内容能正常显示，网页中的链接能正常进行跳转；二是使页面下载时间缩短。本节将详细介绍网站测试与维护方面的知识。

14.1.1 创建站点报告

微课堂
00分25秒

在测试站点时，可以使用【报告】命令来为一些 HTML 属性编译并产生报告。下面详细介绍创建站点报告的操作方法。

操作步骤 >> **Step by Step**

第1步 打开准备检查链接的网页，**1.** 单击【站点】主菜单，**2.** 在弹出的菜单中选择【报告】菜单项，如图 14-1 所示。

第2步 弹出【报告】对话框，**1.** 在【选择报告】列表框中选中报告类型，**2.** 单击【运行】按钮，如图 14-2 所示。

图 14—1

第3步 弹出【站点报告】面板，显示站点报告，如图 14-3 所示。

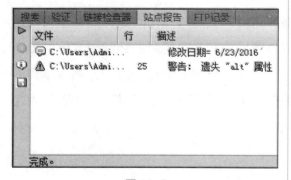

图 14—3

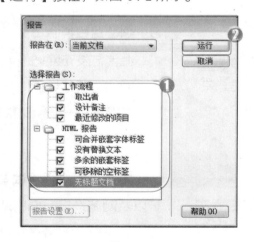

图 14—2

在【报告】对话框中，各选项的功能如下。

➢ 【报告在】下拉列表框：在该下拉列表框中选择生成站点报告的范围，可以是当前文档、整个当前本地站点、站点中的已选文件和文件夹。

- ➢ 【取出者】复选框：选中该复选框，单击【报告设置】按钮，将弹出【报告设置】对话框，可以设置取出者的名称，可以显示网站页面被小组成员取出的情况。
- ➢ 【设计备注】复选框：选中该复选框，将会列出所选文档或站点的所有设计备注。
- ➢ 【最近修改的项目】复选框：选中该复选框，将会列出指定时间段内修改过的文件。
- ➢ 【可合并嵌套字体标签】复选框：选中该复选框，将列出所有没有替换文本的 img 标签。
- ➢ 【多余的嵌套标签】复选框：选中该复选框，将详细地列出应该清理的嵌套标签。
- ➢ 【可移除的空标签】复选框：选中该复选框，将详细地列出所有可以移除的空标签，以便清理 HTML 代码。
- ➢ 【无标题文档】复选框：选中该复选框，将列出在选定参数中输入的所有无标题的网页文档。

14.1.2　使用链接检查器

微课堂
00 分 31 秒

在发布站点前应确认站点中所有文本和图形的显示是否正确，并且所有链接的 URL 地址是否正确。下面详细介绍使用链接检查器的方法。

操作步骤　>>　Step by Step

第 1 步　打开准备检查链接的网页，**1.** 单击【窗口】主菜单，**2.** 在弹出的菜单中选择【结果】菜单项，**3.** 在弹出的子菜单中选择【链接检查器】菜单项，如图 14-4 所示。

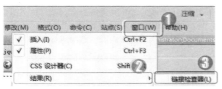

图 14-4

第 3 步　在【链接检查器】面板中即可显示检查结果，如图 14-6 所示。

图 14-6

第 2 步　弹出【链接检查器】面板，**1.** 单击【检查链接】按钮，**2.** 在弹出的菜单中选择【检查整个当前本地站点的链接】菜单项，如图 14-5 所示。

图 14-5

■ **指点迷津**

在【链接检查器】面板的【显示】下拉列表框中除了有默认的【断掉的链接】选项外，还有【外部链接】和【孤立文件】两个选项。【外部链接】选项可以检查文档中的外部链接是否有效；【孤立文件】选项可以检查站点中是否存在孤立文件。

Dreamweaver CC 中文版网页设计与制作

14.1.3　W3C 验证

在 Dreamweaver 中可以使用 W3C 验证功能检查当前网页或整个站点中的所有网页是否符合 W3C 的要求。下面详细介绍使用 W3C 验证功能的操作方法。

操作步骤　>>　**Step by Step**

第 1 步　打开准备验证的网页，**1.** 单击【窗口】主菜单，**2.** 在弹出的菜单中选择【结果】菜单项，**3.** 在弹出的子菜单中选择【验证】菜单项，如图 14-7 所示。

图 14-7

第 2 步　弹出【验证】面板，**1.** 单击【W3C验证】按钮，**2.** 在弹出的菜单中选择【验证当前文档(W3C)】菜单项，如图 14-8 所示。

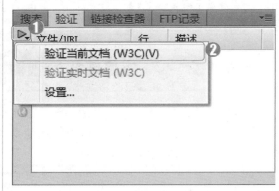

图 14-8

第 3 步　弹出【W3C 验证器通知】对话框，单击【确定】按钮，如图 14-9 所示。

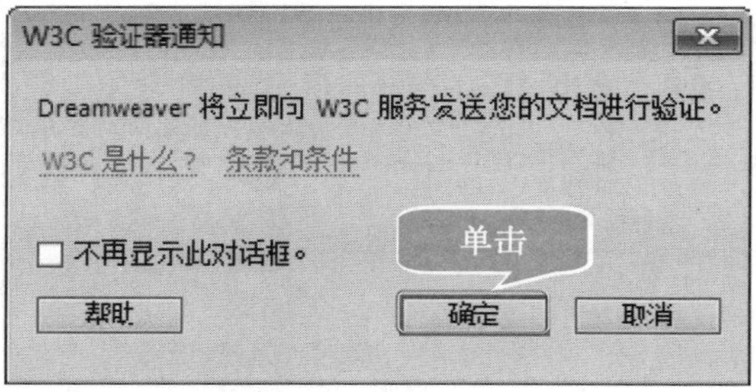

图 14-9

第 4 步　验证完成后将显示验证结果，如图 14-10 所示。

图 14-10

知识拓展

测试站点的内容很多，例如测试不同浏览器能否浏览网站、不同分辨率的显示器能否显示网站、站点中有没有断开的链接等。对于大型的站点，测试系统程序检查其功能是否正常实现是尤为关键的工作，接下来的工作就是前台界面的测试，检查是否有文字和图片的丢失、链接是否成功等。

14.2　上传与发布网站

网站制作完毕后，就可以将其正式上传到 Internet。在上传网站前，应先在 Internet 上申请一个网站空间，这样才能把所做的网页放到 www 服务器上，供全世界的人访问。本节将详细介绍上传发布网站方面的知识。

14.2.1　连接到远程服务器

在设置好站点的远程服务器信息后，就可以通过 Dreamweaver 将其连接到远程服务器了。下面详细介绍将站点连接到远程服务器的操作方法。

操作步骤　>>　**Step by Step**

第 1 步　启动 Dreamweaver CC 程序，**1.** 单击【窗口】主菜单，**2.** 在弹出的菜单中选择【文件】菜单项，如图 14-11 所示。

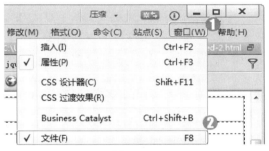

图 14-11

第 2 步　打开【文件】面板，单击面板中的【展开以显示本地和远程站点】按钮，如图 14-12 所示。

图 14-12

第 3 步　打开【站点管理】窗口，单击【连接到 远程服务器】按钮，如图 14-13 所示。

图 14-13

第 4 步　弹出【站点设置对象 未命名站点 2】对话框，**1.** 选择【服务器】选项卡，**2.** 单击【添加服务器】按钮，如图 14-14 所示。

图 14-14

Dreamweaver CC 中文版网页设计与制作

第5步　弹出【服务器设置】对话框，**1.** 在【FTP 地址】、【用户名】和【密码】文本框中分别输入地址、用户名以及密码，**2.** 单击【保存】按钮，如图 14-15 所示。

第6步　返回到【站点设置对象 未命名站点 2】对话框，单击【保存】按钮即可完成操作，如图 14-16 所示。

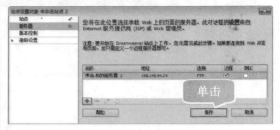

图 14-16

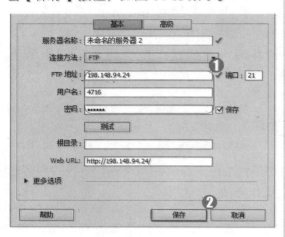

图 14-15

14.2.2　文件上传

网站页面制作完成，相关的信息也检查完毕，并且连接到远程服务器后就可以上传站点了。在这里用户可以选择将整个站点上传到服务器上或只将部分内容上传到服务器上。一般来讲，第一次上传需要将整个站点上传，以后更新站点时，只需要上传被更新的文件即可。

在【站点管理】窗口右侧的【本地文件】窗格中选中要上传的文件或文件夹，单击【上传】按钮 ⇧，即可上传选中的文件或文件夹，如图 14-17 所示。

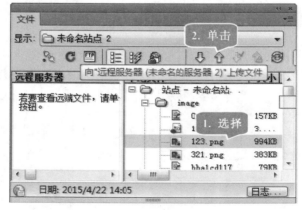

图 14-17

◉ 知识拓展

在将文件从本地计算机上传到服务器上时，Dreamweaver 会使本地站点和远程站点保持相同的结构，如果需要的目录在 Internet 服务器上不存在，则在传输文件之前 Dreamweaver 会自动创建。

14.2.3　文件下载

单击【站点管理】窗口中的【连接到 远程服务器】按钮 ，连接到远程服务器，选择要下载的文件或文件夹，然后单击【获取文件】按钮 ⬇，即可将远程服务器上的文件下载到本地计算机中，如图 14-18 所示。

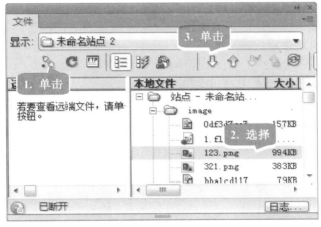

图 14-18

Section 14.3　网站运营与维护

 随着网络应用的深入和网络营销的普及，越来越多的企业意识到网站的运营并非一次性投资建立一个网站那么简单，更重要的工作在于网站建成后的长期更新、维护及推广。本节将详细介绍网站运营与维护方面的知识。

14.3.1　网站的运营

00 分 23 秒

想要把一个网站做好并不是一件容易的事情，那么如何才能做好网站运营呢？简单来说，做好网站运营，至少应该注意以下几个方面。

Dreamweaver CC 中文版网页设计与制作

1 技术

技术不是最重要的，但却是做网站运营的基本前提和条件。在网站运营的过程中，必须和客户、程序员、设计人员沟通，如果一点技术都不懂，就无法很好地实现创意，因此网站的语言、架构、设计这些方面多少都要熟悉，至少得懂一点点技术。

2 全方位运作

做网站运营要了解传统经济，如果在传统行业有些人脉和资源更好。要清楚，网站运营不是一个单独的产品，不管是公司运营还是个人网站，运营的依然是传统的服务或者产品，而网站只是另外一个渠道。网站运营者所做的是通过互联网的先进技术与传统行业相结合，为客户提供一种更为方便的服务。

所以，网站运营切忌只搞网络线上活动而脱离线下的运作，否则，只会离目标客户越来越远，陷入错误的运作模式。

3 广告人的思维和策划能力

做网站运营同样也是在宣传，传统的广告在包装上、设计上都是非常有经验和冲击力的，广告人的思维和策划能力能够更快地接近客户，更迅速地把产品销售出去。如果网站运营者不懂得去宣传网站，客户找东西时很麻烦，或者来过网站之后从此不再记得，那网站就没有很好的客户体验，也不可能留住客户。

4 生产与销售

做网站运营的实质还是生产与销售。要产生赢利，就必须分析目标群体需要什么，网站能提供什么，用户能从站点上得到哪些方便、价值、信息。这就要求网站运营者在需求和市场分析方面做足工作，这样才不会盲目。了解清楚了市场，才能知道如何精准推广，如何在网站上有的放矢促进销售。网站推广不只是 SEO，不是把网站做好，权重提高就可以。其实网络推广和线下推广一样，重要的是思路，多借鉴传统行业的推广点子，会事半功倍。

5 需求分析

做好网络营销也需要去关注和学习竞争对手和同行，要做到取长补短，最好是深入了解一个行业。熟悉一种运营模式的网站，不单是分析它们的赢利模式，还要分析用户群体，只有这样才能在运营中不断进步，变得有竞争力。学会吸收竞争对手的优点来不断完善自己，这也是一个合格的网站运营人员必不可少的技能。

其实运营网站和经营一个公司在本质上没有很大的区别，这两者都涉及产品设计研发、市场推广和销售、人员的管理培训、财务管理等很多方面，所以做网站运营是一个系统而庞大的工作，需要不断地学习、不断地创新。

6　网站内容的建设

网站内容的建设是网站运营的重要工作，网站内容是决定网站性质的重要因素。网站内容的建设主要是由专业的编辑人员来完成，包括栏目的规划、信息的采编、内容的整理与上传、文件的审阅等工作。所以，编辑人员的工作也是网站运营的重要环节之一，在运营网站的过程中，与优秀的网站编辑人员合作也是十分有必要的。

7　合理的网站规划

合理的网站规划包括前期的市场调研、项目的可行性分析、文档策划撰写和业务流程操作等步骤，一个网站的成功与否，与合理的网站规划有着密不可分的关系。网站运营商要根据网站构建的需要来进行有效的网站规划，如文章标题应怎么制作显示，广告应如何设置等，这些都需要合理和科学的规划。好的规划可使网站的形象得到提升，吸引更多的客户来观摩和交流，是网站运营时必要的操作手法。

14.3.2　网站的更新维护

微课堂　00 分 35 秒

在网站优化中，网站内容的更新维护是必不可少的，由于每个网站的侧重点不同，更新维护的内容也是有所不同的，下面详细介绍网站更新维护需要注意的几点内容。

➢ 网站内容更新维护的时间：网站内容的更新维护时间形成一定的规律性后，百度也会按照更新时间形成一定的爬行规律，而在这个固定的时间段里更新文章，往往很快就会被收录。因此，如果条件允许的话，网站内容更新尽量在固定时间段进行。

➢ 网站内容更新维护的数量：网站每天更新多少篇文章才好，其实百度对这个并没有什么明确要求，一般个人网站每天更新 7、8 篇就行。网站每天更新最好也是按照固定的量进行。

➢ 网站内容的质量：这是网站更新维护最为关键的一点。网站内容质量要涉及用户体验性和 SEO 优化技术。对于 SEO 优化技术来说，文章标题的写法是内容更新的关键，一个权重高的网站往往会因一篇标题写得好的文章而带来不少的流量，标题的一般写法是体现文章的主题思想。

14.3.3　优化网站 SEO

微课堂　00 分 11 秒

SEO 的英文全称为 Search Engine Optimization，翻译成中文为搜索引擎优化。

SEO 的主要工作是通过了解各类搜索引擎如何抓取互联网页面、如何进行索引以及如何确定其对某一特定关键词的搜索结果排名等技术，来对网页进行相关的优化，使其提高

Dreamweaver CC中文版网页设计与制作

搜索引擎排名，从而提高网站访问量，最终提升网站的销售能力或宣传能力。

优化网站 SEO 的目的是通过 SEO 这样一套基于搜索引擎的营销思路，为网站提供生态式的自我营销解决方案，让网站在行业内占据领先地位，从而获得品牌收益。

SEO 可分为站外 SEO 和站内 SEO 两种。

对于任何一家网站来说，要想在网站推广中取得成功，搜索引擎优化都是至为关键的一项任务。同时，随着搜索引擎不断变换它们的排名算法规则，每次算法上的改变都会让一些排名很好的网站在一夜之间名落孙山，而失去排名的直接后果就是失去了网站固有的可观访问量。可以说，搜索引擎优化是一个越来越复杂的任务。下面介绍一些有关优化网站 SEO 流程方面的知识。

- ➢ 定义网站的名字，选择与网站名字相关的域名。
- ➢ 分析围绕网站核心的内容，定义相应的栏目，定制栏目菜单导航。
- ➢ 根据网站栏目，收集信息内容并对收集的信息进行整理、修改、创作和添加。
- ➢ 选择稳定安全的服务器，保证网站 24 小时能正常打开，网速稳定。
- ➢ 分析网站关键词，合理地添加到内容中。
- ➢ 网站程序采用<DIV>+<CSS>构造，符合 WWW 网页标准，全站生成静态网页。
- ➢ 制作生成 xml 与 htm 的地图，便于搜索引擎对网站内容的抓取。
- ➢ 为每个网页定义标题、meta 标签。标题简洁，meta 围绕主题关键词。
- ➢ 网站经常更新相关信息内容，禁用采集，手工添置，原创为佳。
- ➢ 放置网站统计计算器，分析网站流量来源，用户关注什么内容，根据用户的需求，修改与添加网站内容，增加用户体验。
- ➢ 网站设计要美观大方，菜单清晰，网站色彩搭配合理。尽量少用图片、Flash、视频等，以免影响打开速度。
- ➢ 合理的 SEO 优化，不采用群发软件，禁止针对搜索引擎网页排名的作弊(SPAM)，合理优化推广网站。

Section 14.4 专题课堂——网站推广

常见的网站推广方式包括注册搜索引擎、电子邮件推广、通过留言板和博客推广和 BBS 论坛宣传等。本节将详细介绍网站推广方式方面的知识。

14.4.1 注册搜索引擎

微课堂
00分09秒

搜索引擎推广是指利用搜索引擎、分类目录等具有在线检索信息功能的网络推广网站的方法。

按照搜索引擎的基本形式，大致可将其分为网络蜘蛛形搜索引擎和基于人工分类目录的搜索引擎两种。前者包括搜索引擎优化、关键词广告、竞价排名、固定排名、基于内容定位的广告等多种形式；而后者则主要是在分类目录合适的类别中进行网站登录。随着搜索引擎形式的进一步发展变化，也出现了其他一些形式的搜索引擎，不过大都是以这两种形式为基础。

搜索引擎推广的方法分为多种不同的形式，常见的有：登录免费分类目录、登录付费分类目录、搜索引擎优化、关键词广告、关键词竞价排名、网页内容定位广告等。

从目前的发展趋势来看，搜索引擎在网络营销中的地位依然重要，并且受到越来越多企业的认可，搜索引擎营销的方式也在不断发展演变，因此应根据环境的变化选择搜索引擎营销的合适方式。

14.4.2　资源合作推广方法

资源合作推广方法是通过网站交换链接、交换广告、内容合作、用户资源合作等方式，在具有类似目标网站之间实现互相推广的目的。其中最常用的资源合作方式为网站链接策略，即利用合作伙伴之间网站访问量资源合作互为推广。

每个企业网站都拥有自己的资源，这种资源可以表现为一定的访问量、注册用户信息、有价值的内容和功能、网络广告空间等。利用网站的资源与合作伙伴开展合作，可实现资源共享，达到共同扩大收益的目的。

在这些资源合作形式中，交换链接是最简单的一种合作方式，调查表明也是新网站推广的有效方式之一。交换链接或称互惠链接，是具有一定互补优势的网站之间的简单合作形式，即分别在自己的网站上，放置对方网站的 LOGO 或网站名称，并设置对方网站的超链接，使用户可以从合作网站中发现自己的网站，达到互相推广的目。

交换链接的作用主要表现在以下几个方面：获得访问量、增加用户浏览时的印象、在搜索引擎排名中增加优势、通过合作网站的推荐增加访问者的可信度等。

14.4.3　电子邮件推广

上网的人，每人至少有一个电子邮箱，因此使用电子邮件进行网上营销是目前国际上很流行的一种网络营销方式。电子邮件具有成本低廉、效率高、范围广、速度快的优点。而且接触互联网的人也都是思维非常活跃的人，平均素质较高，并且具有很强的购买力和商业意识。越来越多的调查显示，电子邮件营销是网络营销最常用也是最实用的方法。

电子邮件推广的常用方法包括电子刊物、会员通信、专业服务商的电子邮件广告等。

群发邮件营销是最早的营销方式之一，群发邮件可以在短时间内把产品信息投放到海量的客户邮件地址内。下面介绍群发邮件时需要注意哪些问题。

1　怎样填写群发邮件的主题及内容　　>>>

群发邮件时，一定要注意邮件主题和邮件内容。很多邮件服务器为过滤邮件设置了垃

Dreamweaver CC 中文版网页设计与制作

圾字词过滤，如果邮件主题和邮件内容中含有大量宣传和赚钱等字词，服务器将会过滤掉该邮件，导致邮件不能发送。因此，在书写邮件主题和内容时应尽量避开有垃圾字词倾向的文字和词语，才能顺利群发邮件。

2　HTML 格式的邮件

大多数邮件群发软件都支持此发送形式，有的软件是将网页格式的邮件源代码复制粘贴到邮件内容处，然后选择发送模式为 HTML 即可。

3　如何选择使用 DSN 及 smtp 服务器地址

在使用软件群发邮件时，必须正确输入可用的主机 DSN 名称。由于各 DSN 主机或 smtp 服务器性能不一，发送速度也有差异，群发前可多试几个 DSN，选择速度快的 DSN 将大大加快群发速度。

基于用户许可的 Email 营销与滥发邮件(Spam)不同，许可营销比传统的推广方式或未经许可的 Email 营销具有明显的优势，比如可以减少广告对用户的滋扰、增加潜在客户定位的准确度、增强与客户的关系、提高品牌忠诚度等。

根据用户电子邮件地址资源的所有形式，可以将 E-mail 营销分为内部列表 E-mail 营销和外部列表 E-mail 营销，或简称内部列表和外部列表。

内部列表也就是通常所说的邮件列表，是利用网站的注册用户资料开展 E-mail 营销的方式，常见的形式如新闻邮件、会员通信、电子刊物等。外部列表 E-mail 营销则是利用专业服务商的用户的电子邮件地址来开展 E-mail 营销，也就是以电子邮件广告的形式向服务商的用户发送信息。

14.4.4　导航网站登录

现在国内有大量的网址导航类站点，如：http://www.hao123.com、http://www.265.com 等。在这些网址导航类网站上添加链接也能带来大量的流量，不过现在想登录像 hao123 这种流量特别大的站点并不是件容易的事。

14.4.5　软文推广

软文的撰写要分别站到用户角度、行业角度和媒体角度来有计划地发布推广，促使每篇软文都能够被各种网站转摘发布，以达到最好的效果。软文写得要有价值，让用户看了有收获，标题要写得吸引网站编辑，这样才能达到最好的宣传效果。

14.4.6　BBS 论坛网站推广

在论坛上经常看到很多用户在签名处留下了他们的网站地址，这也是网站推广的一种

方法。将有关的网站推广信息发布在其他潜在用户可能访问的网站论坛上，利用用户在这些网站获取信息的机会，实现网站推广的目的。

论坛里暗藏了许多潜在客户，所以千万不要忽略了这里的作用。记得把自己的头像和签名档设置好，并且做得好看些、动人些。再配合优秀的帖子，无论是首帖还是回帖，别人都能注意到你的。分享你的生意经、生活里的苦辣酸甜、读书和听音乐的乐趣等。定期更换你的签名，把网站的最新活动和商品及时通知别人。

14.4.7　博客推广

微课堂
00 分 34 秒

博客在发布自己的生活经历、工作经历和某些热门话题的评论等信息的同时，还可以附带宣传网站信息等。特别是作者若是在某领域有一定影响力的人物，所发布的文章更容易引起关注，从而吸引大量潜在顾客浏览。用博客来推广企业网站的首要条件是拥有良好的写作能力。

现在做博客的网站很多，虽不可能把各家的博客都利用起来，但也要多注册几个博客进行推广。没时间的可以少选几个，但是新浪和百度的是不能少的。新浪博客浏览量最大，许多明星都在上面开博客，人气很高。百度是全球最大的中文搜索引擎，大部分上网者习惯用百度搜索东西。

博客的内容不要只写关于自己的事，多写点时事、娱乐和热点评论，这样会很受欢迎。利用博客推广自己的网站要巧妙，尽量别生硬地做广告，最好是软文广告。博客的题目要尽量吸引人，内容尽量和准备推广的网站内容一致。博文的题目可以写得夸大一点，博文的内容必须吸引人，可以留下悬念，让想看的朋友去点击网站。

如何在博文里巧妙地放入广告，这个是必须要有技能的，不能把文章写好后，结尾留个网址，这样人家看完文章后，就没有必要再打开网站。可以有所保留，另外一半放在网站上，让想看的朋友点击进入网站来阅读。同时，超文本链接广告也是很不错的推广方式，可以有效地应用超文本链接导入网站，那么网友在看的时候，也有可能点击进入网站。

写好博客后，有空多去别人的博客转转，只要点进去，用户的头像就会在其博客里显示，出于对陌生拜访者的好奇，大部分的博主都会来你的博客看看。

14.4.8　微博推广

微课堂
00 分 18 秒

微博推广是以微博作为推广平台，每一个粉丝都是潜在的营销对象。每个企业利用更新自己的微型博客向网友传播企业、产品的信息，树立良好的企业形象和产品形象。每天更新的内容都可以跟大家交流，或者有大家所感兴趣的话题，这样就可以达到营销的目的。

随着近几年微博的发展，其使用人数也不断地增长，微博推广已成为一种常见的必备的推广方法之一。然而，微博的推广并不像论坛推广那样简单，随便发个帖子就是一条外链，发了帖子就会有人去看，仅仅是多少而已，即使没人去看，对你也不会有什么危害。微博则不然，不合时宜的广告帖，不但起不到宣传作用，搞不好还会殃及微博的命运，让你的微博人气尽失，成为一个无人问津的死博。那么到底该如何才能发挥微博的推广作用呢？

Dreamweaver CC中文版网页设计与制作

首先，微博需要人们的精心呵护，要像呵护自己的孩子一样去呵护。所谓精心呵护也就是人们平常所说的养博。博主应根据自己网站的类别，确定微博的目标人群，多加一些和网站同类的微群，从中寻找活跃的群友加为好友，这在 SEO 的专业术语里叫作追星。当然了，追星的感觉绝对没有被追的感觉好，你追别人的同时，要好好想想怎样才能让别人追自己。用户要根据微博群体的共性，努力打造自己的微博风格，使之成为一个内容精美、丰富、受人喜爱的交流基地。若成了某个圈子有影响的名人，那你的微博就功成名就了，这个时候用它去推广你的网站，其效果必然是显而易见的。

其次，养好的微博也不是一劳永逸的。微博初期不能发广告的道理站长们都知道，可是一旦微博养到了一定的时候，有了一定的影响力，早就等不及的站长们便再也按捺不住了，于是便开始大肆地发广告。殊不知这又犯了大忌，不但起不到宣传作用，还很有可能让你以前为养博付出的精力付诸东流。这些都是由微博的特性决定的，因为微博本身就是具有某种共性的一类人的信息交流聚集地，没有什么利害关系的束缚，人们一旦觉得你的微博失去了这种作用，他们便会毫无眷恋地离你而去。要想留住这些人，你发布的信息就必须要有量、有节、有度，同时，还更要注重共性话题的活动质量，让有限的广告淹没在无限的共性话题之中才是上上之策。因为只有这样才能真正起到宣传作用，才能确保微博的良性发展。

Section 14.5 实践经验与技巧

本节将侧重介绍和讲解与本章知识点有关的实践经验与技巧，主要包括病毒性营销方法、口碑营销和微信营销等方面的知识与操作技巧。

14.5.1 病毒性营销方法

微课堂 00分10秒

病毒性营销方法并非传播病毒；而是利用用户之间的主动传播，让信息像病毒那样扩散，从而达到推广的目的。

病毒性营销方法实质上是在为用户提供有价值的免费服务的同时，附加上一定的推广信息，常用的工具包括免费电子书、免费软件、免费 Flash 作品、免费贺卡、免费邮箱、免费即时聊天工具等可以为用户获取信息、使用网络服务、娱乐等带来方便的工具和内容。如果应用得当，这种病毒性营销手段往往可以以极低的代价取得非常显著的效果。

14.5.2 口碑营销

微课堂 00分27秒

口碑营销是指网站运营商在调查市场需求的情况下，为消费者提供需要的产品和服务，同时制订一定的口碑推广计划，让消费者自动传播网站产品和服务的良好评价，从而让人们通过口碑了解产品、树立品牌、加强市场认知度，最终达到销售产品和提供服务的目的。

相对于纯粹的广告宣传、促销手段、公关交际、商家推荐等而言，口碑营销的可信度要更高。这个特征是口碑传播的核心，也是开展口碑宣传的一个最佳理由，与其不惜巨资投入广告、促销活动、公关活动来吸引潜在消费者的目光以增加客户的网站忠诚度，不如通过这种相对简单奏效的口碑传播方式来达到推广网站的目的。

14.5.3　微信营销

微信营销是网络经济时代企业或个人营销模式的一种，是伴随着微信的火热而兴起的一种网络营销方式。微信不存在距离的限制，用户注册微信后，可与周围同样注册的朋友形成一种联系，订阅自己所需的信息，商家通过提供用户需要的信息，推广自己的产品，从而实现点对点的营销。

微信营销是以安卓系统、苹果系统的手机或者平板电脑中的移动客户端进行的区域定位营销。商家通过微信公众平台，结合转介率微信会员管理系统展示商家微官网、微会员、微推送、微支付、微活动，已经形成了一种主流的线上线下微信互动营销方式。

微信营销推广网站的方式有以下优势。

1　点对点精准营销

微信拥有庞大的用户群，借助移动终端、天然的社交和位置定位等优势，每个信息都是可以推送的，能够让每个个体都有机会接收到这个信息，继而帮助商家实现点对点精准化营销。

2　形式灵活多样的漂流瓶

用户可以发布语音或者文字然后投入大海中，如果有其他用户捞到则可以展开对话。

3　位置签名

商家可以利用用户签名档这个免费的广告位为自己做宣传，附近的微信用户就能看到商家的信息。

4　开放平台

通过微信开放平台，应用开发者可以接入第三方应用，还可以将应用的 LOGO 放入微信附件栏，使用户可以方便地在会话中调用第三方应用进行内容选择与分享。

· 微 课 堂 学 电

Dreamweaver CC 中文版网页设计与制作

5　公众平台 　　　　　　　　　　　　　　　　　　　　　 >>>

在微信公众平台上，每个人都可以用一个 QQ 号码打造自己的微信公众号，并在微信平台上实现和特定群体的文字、图片、语音的全方位沟通和互动。

6　强关系的机遇 　　　　　　　　　　　　　　　　　　　　 >>>

微信的点对点产品形态注定了其能够通过互动的形式将普通关系发展成强关系，从而产生更大的价值。通过互动的形式与用户建立联系，互动就是聊天，可以解答疑惑、可以讲故事甚至可以卖萌，用一切形式让企业与消费者形成朋友的关系，你不会相信陌生人，但是会信任你的朋友。

Section 14.6　有问必答

1. 如何上传文件？

在【站点管理】窗口右侧的【本地文件】窗格中选中要上传的文件或文件夹，单击【上传】按钮，即可上传选中的文件或文件夹。

2. 如何下载文件？

选择需要下载的文件或文件夹，然后单击【获取文件】按钮即可将远程服务器上的文件下载到本地计算机中。

3. 如何优化网站 SEO？

不采用群发软件，禁止针对搜索引擎网页排名的作弊(SPAM)；放置网站统计计算器，分析网站流量来源，根据用户的需求，修改与添加网站内容，增加用户体验。

4. 如何利用博客推广网站？

博客的题目要尽量吸引人，内容尽量和准备推广的网站内容一致。博文的题目可以写得夸大一点，博文的内容必须吸引人，可以留下悬念，让想看的朋友去点击网站。

5. 如何利用微博推广网站？

微博发布的信息要有量、有节、有度，同时，还更要注重共性话题的活动质量，让有限的广告淹没在无限的共性话题之中才是上上之策。

258